环境艺术设计基础与表现研究

水源 甘露 著

北京工业大学出版社

图书在版编目（CIP）数据

环境艺术设计基础与表现研究 / 水源，甘露著. —
北京 ：北京工业大学出版社，2019.11（2021.5 重印）
ISBN 978-7-5639-7037-7

Ⅰ. ①环… Ⅱ. ①水… ②甘… Ⅲ. ①环境设计一研
究 Ⅳ. ① TU-856

中国版本图书馆 CIP 数据核字 (2019) 第 236198 号

环境艺术设计基础与表现研究

著　　者：水　源　甘　露
责任编辑：刘连景
封面设计：点墨轩阁
出版发行：北京工业大学出版社
（北京市朝阳区平乐园 100 号　邮编：100124）
010-67391722（传真）　bgdcbs@sina.com
经销单位：全国各地新华书店
承印单位：三河市明华印务有限公司
开　　本：710 毫米 ×1000 毫米　1/16
印　　张：12
字　　数：200 千字
版　　次：2019 年 11 月第 1 版
印　　次：2021 年 5 月第 2 次印刷
标准书号：ISBN 978-7-5639-7037-7
定　　价：52.00 元

前　言

现阶段社会经济呈现迅速发展的态势，社会的发展推动了生态文明的进步，在此背景下，人们对环境艺术设计、环境保护的要求逐步提高。设计人员将生态文明理念融入现代环境艺术设计当中，不仅可以提升设计效果，而且可以实现环境、社会的共同发展。设计人员可以将生态文明观融入现代环境艺术设计中，从而使环境艺术设计的各项功能逐渐强化。

环境艺术在现代艺术领域中是不可缺少的一部分，环境艺术设计的目的在于更好地满足人们精神上的需求，是上层建筑中的意识形态之一。人类社会与环境艺术设计之间具有十分紧密的联系，有效促进了人类文明的发展。

本书第一章为绪论，主要阐述了环境艺术设计的概念与内容、环境艺术设计的发展演变、环境艺术设计的创作特征以及环境艺术设计的风格与流派和环境艺术设计的发展趋势；第二章为环境艺术设计的基本原理，主要阐述了环境艺术设计的美学规律、环境艺术设计的基本原理以及环境艺术设计的基本原则；第三章为环境艺术设计的要素解析，主要阐述了环境艺术设计的思维方法、环境艺术设计的造型要素与形式美以及环境艺术设计的形式要素；第四章为环境艺术设计的语言解析，主要阐述了环境艺术设计的语言基础和环境艺术设计的基本语言；第五章为环境艺术设计的工作方法，主要阐述了设计程序和设计方法；第六章为环境艺术设计的基本表现，主要阐述了环境艺术设计的构成和环境艺术设计的表现；第七章为环境艺术设计方案的构思与表达，主要阐述了环境艺术设计的空间设计、环境艺术设计方案的构思以及环境艺术设计方案表达的基本形式。

全书共七章，约 20 万字。其中，第一章、第二章、第三章及第四章第一节约 10 万字，由合肥学院教师水源撰写；第四章第二节、第五章、第六章及第七章约 10 万字，由合肥学院教师甘露撰写。为了确保研究内容的丰富性和多样性，笔者在写作过程中参考了大量理论与研究文献，在此向涉及的专家学者表示衷心的感谢。

最后，限于笔者水平有不足，加之时间仓促，本书难免存在疏漏，在此，恳请同行专家和读者朋友批评指正！

目 录

第一章　绪　论

环境艺术集众多的技术与艺术门类于一身，是艺术殿堂中的奇葩，它为人们创造更美好的居住活动环境，使人类的生活更为丰富多彩。环境是人们生活、生产、社交等活动的场所。随着人们对各项活动的需求所表现出的多层次，环境艺术也就具有了复杂性和广延性，人们对环境的理解与感受也会具有多种层次，其相应问题的解决也需涉及很多学科。本章分为环境艺术设计的概念与内容、环境艺术设计的发展演变、环境艺术设计的创作特征、环境艺术设计的风格与流派以及环境艺术设计的发展趋势五部分，主要内容包括环境艺术设计的概念、环境艺术设计的分类、环境艺术设计的相关学科等方面。

第一节　环境艺术设计的概念与内容

一、环境艺术设计的概念

环境艺术设计是按照建筑及空间环境的使用性质、所处背景及相应标准，运用物质技术手段和美学艺术原理，创造功能合理、舒适优美，满足人们物质及精神生活需要的室内外空间环境。这使空间环境既有使用价值，满足相应的功能要求，也可反映出历史文脉、艺术风格和审美取向等精神因素。

环境艺术设计的对象是密切关系着人们的生活活动的室内外空间的。从艺术风格来看，其总体往往能从一个侧面反映相应时期社会物质和精神生活的特征，总是具有时代的印记。这直接关系着当时的哲学思想、美学观点、经济发展等。从微观的、个别的作品来看，设计水平的高低、施工工艺的优劣不仅与设计师的专业素质和文化修养等联系在一起，而且也密切关系着具体的施工技术、管理、材料质量和设施配置等情况。由此可见，设计这一环节具有决定作用，但最终效果及质量则有赖于设计、施工、采购、管理等各种因素的整体

协调。

正是由于环境艺术设计的功能性与艺术性，不仅需要充分运用物质技术手段，而且还需要严格遵循美学艺术原理，即除了与绘画、雕塑、音乐等艺术门类之间有共同的美学法则之外，还需要充分考虑使用功能、造价投资等因素。由此可见，环境艺术设计是一门涉及人体工程学、环境心理学、建筑学、城市规划等多学科的专业。

二、环境艺术设计的分类

环境艺术设计是把人类生活的空间作为对象进行设计的，也被为空间设计。其包括城市规划设计、室内设计、景观设计、公共艺术设计等，是综合自然、社会、人文等因素而进行的整体设计。

环境艺术设计的作用是协调人—建筑—环境三者的相互关系，使其成为和谐统一、美好舒适的人类活动空间和生存环境。做好环境艺术设计，必须首先研究环境中生存的主体——人的活动要求、行为特征、审美需求等之后，才能有的放矢。

（一）城市规划设计

城市一般包括住宅区、商业区和工业区，有楼房、街道、公园等公共设施。城市中的绝大部分环境是人工建成的，因此需要对整个城市做出具体而详尽的规划设计。

城市规划设计包括研究和计划城市发展的性质、人口规模和用地范围、城市道路交通规划、城市市政工程规划、城市生态规划、园林游憩系统规划、城市的形态和风貌等。作为环境设计概念范畴的城市规划，主要指为了满足城市居民舒适、便利、安全的生产生活的需要而对城市环境进行的综合规划和布置。

城市规划设计需要考虑到人口、环境、工业、商业、交通、能源、绿化、排给水、环保等一系列城市生活的问题，本着以人为本、尊重人和城市与自然山水之间的和谐关系的设计思想，根据国家的建设方针、城市原有的设施基础和自然条件，以及居民的生活、工作等方面要求，在一定的经济允许的范围内进行研究、规划和设计。

（二）建筑设计

建筑设计指为了实现建造目的而进行的对建筑物的结构、造型、功能等方面的设计。建筑是城市规划设计的重要组成部分，是人类构造人工环境的最基本的手段。

建筑设计包括民用建筑设计、商业建筑设计等，建筑设计要按照不同的建筑类型、建筑功能以及物质技术条件进行不同的设计，既要保证建筑的功能性，又要保证建筑的坚固和美观。

（三）室内设计

室内设计是根据建筑物的使用性质、所处环境等对建筑内部空间进行的设计，以创造出功能合理、品位高雅、满足人们物质和精神需求的室内环境。

美国前室内设计师协会主席亚当指出，室内设计涉及的远不止简单的装饰工作，他们的注意力已经延伸到生活的各个方面。与此同时，他们也注重劳动生产率的提高，大力提倡无障碍设计，并制定了防火规范和节能指标，大大提高了医院、图书馆、学校等公共设施的使用率。总而言之，室内设计应该给那些处在室内环境中的人带来一种舒适感和安全感。

室内设计是功能、空间形体、工程技术和艺术的相互依存和紧密结合，可分为空间设计、装修设计、陈设设计、物理环境设计四个方面。空间设计指对空间结构进行设计，并对空间结构进行调整，从而形成有助于人们生活和工作的空间。

一般而言，室内设计可分为居住建筑室内设计、公共建筑室内设计、农业建筑室内设计。

（四）景观设计

景观设计又称室外设计、风景设计，一般分为硬景观设计和软景观设计。

硬景观设计指对一些人工设施的设计，硬景观一般包括道路、雕塑、座椅等；软景观设计是指绿地、河流等仿自然景观的设计，如对庭院、公园和广场等地的喷泉、水池、抗压草皮，修剪过的树木等的设计。

室外环境与室内环境相比，更加复杂、多元、综合、多变，更加容易受到自然方面与社会方面的有利和不利的影响。因此，在进行景观设计时，要对室外环境的问题进行科学理性的分析，扬长避短，对已存在的问题提供解决方案和解决途径，进行综合的分析与设计。

景观设计与自然环境的联系十分密切，在进行景观设计时应该充分利用自然环境中的有利因素，结合设计者所创造的人为因素，设计出融于自然、优于自然的设计作品，让人们感受到人与自然合一的室外环境。景观设计的目标是使城市、建筑和人的一切活动与人们赖以生存的地球和谐相处。景观设计师只有热爱自然，了解人文历史，才能够创造出自然与人文和谐的景象。

景观设计与环境设计的其他分支相互依托、相辅相成，既要考虑整个城市的整体规划，还要考虑与建筑设计和室内设计保持和谐，与公共艺术设计相呼应。

（五）公共艺术设计

公共空间是城市空间的重要组成部分，包括街道、广场、草地、海滩等所属的物理公共空间，咖啡屋、餐馆、酒吧以及各种媒体所属的社会公共空间和关注纪念氛围的象征性公共空间。

同样的一件作品放在家中和放置于公共空间中的意义是不同的，放置于私人空间里只是一件私人艺术品，而它如果存在于公共空间中，它就是一件公共艺术作品。公共艺术设计兴起于西方国家“让美术作品走出美术馆、走向大众”的运动，由此可以看出，公共艺术设计的主体是公共艺术品的创作与陈设。

公共艺术设计要结合不同公共场所的性质、地理位置、职能等特点，体现出场所的精神，并与城市的历史文化相融合，体现城市的精神面貌。公共艺术设计是一种特殊的精神审美，是城市的形象标志，具有特殊的意义。

近年来，在大连、沈阳、武汉、威海、南京、宁波、深圳、珠海、广州、西安、重庆、成都、兰州、乌鲁木齐等城市，公共艺术设计的优秀作品层出不穷，对整体上提升这些城市的物质与精神文明程度起到了良好的推动作用。

三、环境艺术设计的相关学科

（一）人体工程学

1. 人体工程学概述

设计是为人服务的，人总是会在特定的环境中使用某些物质设施，可能是生活和工作的工具，也可能是人类生活的空间环境。这些设施能够符合人身体的各方面特征和行为习惯，基本决定了人的生活质量与工作效能的优劣，因此学习人体工程学，以及在设计中加入人体工程学的设计要素，才能让设计更好地为人服务。

（1）人体工程学的起源

欧美是人体工程学的起源地，作为独立学科到现在已经有了几十年的发展历史，且一开始是在工业社会，在机械设施大量生产和使用的情况下探索人与机械间的关系的。在第二次世界大战中，军事科学技术运用了人体工程学的方法原理，在设计飞机与坦克的内舱时，研究怎样才能使人长时间在舱内的小空间里减少疲劳，并实施有效战斗，也就是如何处理好人、机和环境三者的协调关系，并且在今后的技术水平的提升中得到不断完善。

（2）人体工程学的含义

人体工程学这门学科的重点是有关人与技术协调关系的，同时也是包含了多学科的交叉学科。它首先作为一种理念而存在，其将使用产品的人作为产品设计的出发点，并要求产品的色彩、外形和性能等方面的设计都要围绕人的心理、生理特点进行，其次是对形成设计技术的整理，包含了设计标准、设计准则和计算机辅助设计软件等，这些被设计出的技术再与特定领域的制造技术和其他设计技术等相结合，人体工程学的产品就由此形成了，也就代表了这些产品能够促使使用者可以享受愉快、健康、高效的生活与工作。

不同作业中的人、环境、机器间的协调，并让评价手段和研究方法涉及医学、心理学、工程技术以及人体测量学等不同领域是研究人体工程学的核心。而通过应用各学科知识，指导设计与改造工作方式、环境和器具，以便提高作业的效率，这便是其研究目的所在。

（3）人体工程学研究的内容及体现

①人体工程学研究的内容。人体工程学在早期研究的是人和工程机械间的关系，也就是所谓的人机关系。它的结构内容包含了功能尺寸、人体结构尺寸、控制盘的视觉显示和操作装置，涉及人体测量学、人体解剖学和心理学等，接着是研究人与环境的相互作用，也就是两者的关系，这方面涉及的是心理学与环境心理学。

②人体工程学在环境艺术设计中的体现。人体工程学作为一门新兴的学科，有待进一步开发人体工程学在室内环境设计中应用的深度和广度，目前已开展的应用包括室内活动中，确定人与人所需空间的主要依据；确定设施、家具尺度、形体及使用范围的主要依据；提供适应人体的室内物理环境的最佳参数；为室内视觉环境设计提供科学依据。

处于室内环境中的人，其个体的心理和行为方面虽然有所差异，但从总体上看是有共性的，并且依然会用相同或类似的方式做出反应，这也是我们进行设计的基础。

（4）人体工程学的发展

英国人泰罗早在20世纪初，就设计出了一套研究工人操作的方法，其内

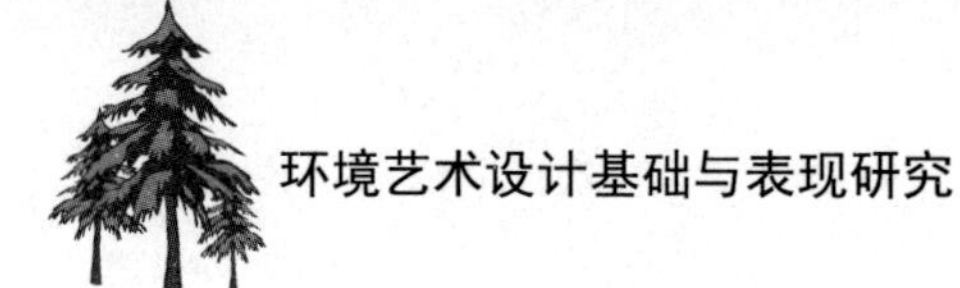

容是研究什么样的操作才是真正高效且省力的，通过研究继而再制定出相应的制度，也被人称为泰罗制，标志着人类工效学的开端。

第一次世界大战期间，由于生产任务紧张，工厂加班生产，出现了工人工作效率降低、操作失误的现象。于是研究如何减轻疲劳、提高功效便成为当务之急，人类功效学才受到重视。首先在英美两国，继而在欧洲许多国家开始了人类工效学的研究。

随着对人类功效学研究的重视，1950 年在英国成立了世界上第一个人类功效学学会——英国人类工效学学会；1957 年美国创立了“人的因素学会”；国际人类工程学学会于 1961 年成立，并在瑞典首都斯德哥尔摩召开了第一次国际会议。此外，日本、德国和苏联也相继成立了学会。

我国在此领域的研究起步较晚，1989 年成立了中国人类工程学学会，并于 1991 年 1 月正式成为国际人类工程学学会会员。

2. 人体工程学与艺术的关系

（1）人体工程学与人体艺术

人体工程学的体现其实在早期的绘画作品中就能够找到，最好的例子就是达·芬奇的《维特鲁威人》，人体工程学在经过不断的完善和演变之后，除了为人类身体相关的工业制造和艺术设计带来可靠科学依据之外，还在构成传统绘画形式的人体形态方面有着很大突破。通过对其人体运动形态与极限的了解，为以解剖学为基础的艺用解剖理论带来了新的动力依据。

这种在艺术创作中加入人体工程学的做法，可以看作一种对新理论和新科学的探索。人自身是人体工程学所研究的主体，所以在艺术形态中选择的载体就是人体艺术。人体艺术的表达形式是明确且直接的，且在人体艺术的特性和发展历史的基础上，创作者能更加准确地绘制与表达，可以说这一创作契机是完美的。

人体艺术源于文艺复兴时期的法国与意大利，一开始它的艺术创作是借用了古代的神话题材，既能表现人体之美，又能表现出人性和社会的恶，所以人体艺术的出现使早期宗教突破了对人体的禁欲，并且也打破了宗教的限制。人们热爱人体艺术的原因有很多，主要是因为艺术家可以通过人体语言来赞美自然、崇拜生命、追求自由和歌颂青春等，这也是优秀人体艺术作品产生的内在动因。

这种艺术的表达方式和艺术理论的结合，突出的是对境界和思想理念的超脱，是人类本源回归的审美体验。艺术体验注重的是人的自觉能动意识，是一个高级的生命活动过程，其主客体在形象体验中融为一体，使人的内在逐渐变得客观，而外在现实则变得主体化。在人类的所有体验中，最能展现人的自觉意识，以及追寻理想境界的当属审美体验，这种体验也可以说是最高体验。人类在这种体验中得到的除了充实的生活以外，还有对自身价值的肯定和对客观世界的把握与认知。因此，我们应该将审美体验看成人的基本生命活动，也可以是某种意识活动，这种活动还体现出了我们的精神追求。我们对意识形象的直觉就是艺术表达中的审美体验，并且这一直觉并不是抽象且概念化的，而是直接的感受。意识的具体形象主要是指在审美主体的大脑中，审美对象呈现的形象也是作为其自身的现象与形状存在的，还会随着主体的情趣和性格对审美主体产生影响。

人们一旦在简单中看出深意，在原始美中看到新生，那么就会在心中迸发出超然的感悟，在聆听中产生共鸣，从而就能真正把握人体艺术，避免误入歧途。

（2）人体工程学在当代艺术的发展方向

当代艺术从时间上说是今天的艺术，在内涵上也主要指有现代语言和精神的艺术，艺术的形式和审美发展到现在呈现出越来越多元化的趋势。我们可以看到，在当代艺术中存在多种文化的交流与碰撞，同时还有对传统经典的解构和消融以及自身对感情的表达。

但是，当代艺术在追求独特艺术时，会不可避免地面对种种质疑，其重视的视觉冲击、形式的构成、技法的艺术性以及主体性作用等会稍微显得不够有分量。从古至今，一个问题始终围绕着艺术品而存在，即这件艺术作品的价值是什么，也许这就是出于人的一种直觉判断，因此无论一件作品的艺术形式包容性如何强、如何多元，也都会让人们用艺术概念的眼光询问这究竟算不算艺术，其艺术性到底体现在哪里，不仅普通人如此，从事艺术工作的人也一样。因此，关于艺术的争议常常是有关艺术性和概念性的问题，在这种情况之下，人们开始逐渐关注当代的艺术价值问题。这一艺术价值的评判标准除了突出技法与形式方面，还应该拓展成艺术的意图与目的，即艺术作品是不是传达了艺术家的情感及经历，是不是满足了其追求等。

研究人体工程学是有其现实意义的，它联系了人与环境的关系，揭示了人体的一般规律，并以此为基础将艺术创作融入人体工程学理论中。

3. 人体工程学在环境艺术设计中的应用

人体工程学作为一门新兴的学科，其概念虽然引进我国已有若干年，但其

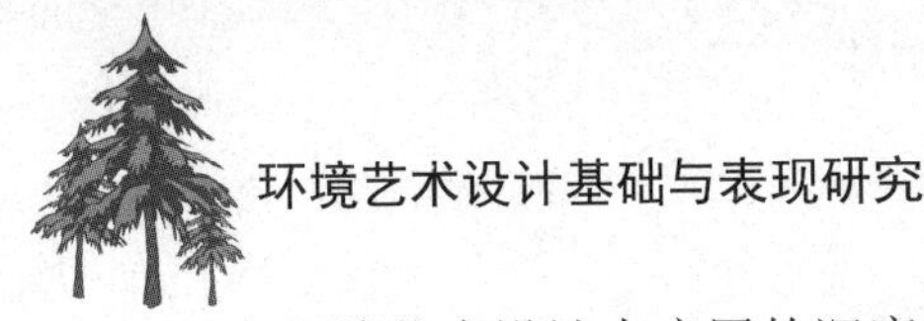

在环境艺术设计中应用的深度和广度，还有待进一步研究和开发。

（1）人在环境中活动所需空间的主要依据

按照人体工程学的相关试验数据，可以通过人的动作范围、尺度、人际交往空间和心理空间等确定空间的范围。

室内外环境空间模数的确定根据的也是人体工程学的相关实验数据，它和人在空间活动的尺度、体位状态相关。如室内设计的空间模数为300 mm，这一数字就是根据人相关行为的尺度和体位姿态等确定的，并且还与室内装修材料的规格尺寸相吻合。这个数字之所以能够担当室内尺度模数，与它在人的行为心理与室内的平面、立面设计中具有的控制力相关。

（2）家具等设施的形态、尺度及使用范围

建筑空间的尺度、家具设施的尺度以及家具之间的布置尺度，都必须以人体尺度为主要依据，由人体工程学科学地予以解决。更进一步来看，座椅的高度直接影响人体的姿势以及人体的受力程度分布。美国工业设计师、建筑师亨利·德莱福斯列举了设计不合理的桌椅：①扶手过宽；②椅面过凹；③座面前端过高；④座面深度过大；⑤靠背支撑点位置不准确；⑥座椅靠背面过弯。

（3）动作空间

人的基本姿势可以分为站立、平坐、倚坐和卧式四种，且这几种姿势与生活行为相结合可以构成各种类型的生活姿势。

人在一定场所活动身体部位时，会创造出不同的立体或平面的领域空间，也就是动作空间。不合理的动作容易疲劳，引发事故，还会导致工作效率低，动作空间的形成是靠动作领域中器械、家具的空间，以及身体的空间通过组合得到的。而用手在水平面上进行工作的情况较多，工作面可以分为通常工作范围和最大工作范围。

（4）人体工程学与环境艺术设计的关系及作用

人与环境是相互依存的关系，谁都不能离开谁而单独存在，环境的主题是人，舒适的环境可以提高人的工作效率，还能对人的身心带来积极影响。在环境艺术方面，人体工程学的作用和功能是人对其自身心理、生理的正确认识，从而使环境更适应人的需要，并在一定程度上实现统一。

人体工程学能为确定空间场所范围、设计家具设施以及确定感官的适应能力等提供依据，这是其在环境设计中的主要作用。很多原因都影响场所空间的形状及大小，其最主要的因素就是人的设施、活动范围的尺寸与数量。所以，人体工程学在环境艺术设计中有着非常重要的地位，只有设计环境的依据是人体学，其环境才能真正称得上舒适。

（二）环境行为心理学

环境艺术设计应与环境心理学进行合理的结合，在作品创作时也要按照环境心理学的特点进行，注重以人为主体，人与物、环境之间要具有科学依据的协调性。

1. 环境行为心理学的内涵

（1）环境行为心理学的定义

环境心理学是研究环境与人行为之间相互关系的学科，着重从心理学和行为学的角度，探索人与环境的最优化，涉及心理学、医学、社会学、人体工程学、人类学、生态学、规划学、建筑学以及环境艺术等多门学科，重视人工环境中人们的心理倾向，着重研究下列课题，包括：①空间环境与人类行为的关系；②人类怎样对环境进行认知；③环境空间的利用以及空间效能的提高；④人类怎样感知和评价环境；⑤建成环境中人们的行为与感觉。

（2）环境行为心理学的应用

环境心理学是环境学和应用心理学的结合，也是心理学的新兴学科之一。其主要研究的是主体和环境相交流的模式，在发现环境中存在人类反映的信息后，试图利用这些信息得到能反映两者关系的清晰信息，以此来设计或改变我们所处的环境。例如有环境心理学家发现，当员工看到办公场所有植物时，其工作效率会有大幅度的提升。这是因为办公室内摆放植物既可以清新空气，还可以让人们有良好的工作状态，每当人们因为工作烦闷而看到植物时，就能缓解心情，降低血压，激发其创造力思维。

人是理性与非理性及情感的结合，对环境的反应也是天生就存在的，虽然每个个体之间会因为民族地域、人生经历等状况而有所差异，但其身体结构和进化的过程是相同的，因此在对环境的需求和反应方面是一致的，设计师在指导环境设计时可以参考这些需求进行。以下是几种具有代表性的环境心理学理论。

①唤醒理论。从神经生理学的角度来说，唤醒一词指的是以大脑中心的网状结构被唤起为特征的脑活动增加。其在行为上的反应是肌肉运动的加强，或是自我报告唤醒水平直接升高；在生理上的反应是加强了自主性神经系统活动，具体表现为血压增高、心跳加快和呼吸加速等。唤醒水平只和刺激物的强度有关，而不与刺激物和唤醒水平给人的感觉相关。比如，乘坐拥挤的电梯和开展一次激动人心的约会都可以提高唤醒程度，并且其引起的唤醒水平都是一样的。

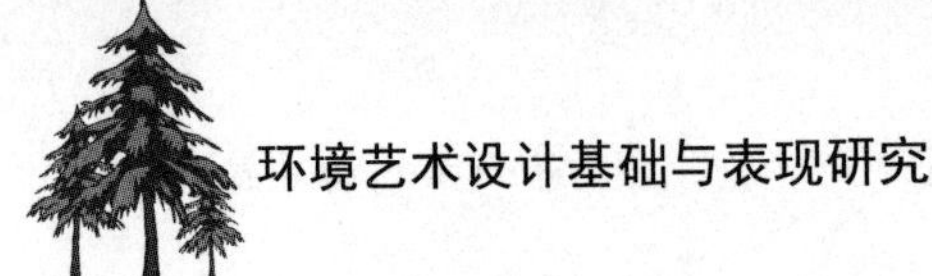

②环境负荷理论。环境负荷理论是研究人的注意力和信息加工能力的。我们每次对输入刺激的注意力和对外部的刺激反应能力非常有限，因此，环境所能承载的信息量超过个体加工信息的最大容量时，信息就会超负荷。信息一旦超负荷就会直接导致视野狭窄，我们就会关注有关的信息，而忽略了不太相关的信息。因此，设计师在具体的设计中应该加强阻止干扰无关信息的出现，避免人们产生疲累和心浮气躁等反应。

③适应水平理论。心理学家沃威尔是适应水平的最早提出者，他认为无论感觉刺激是多是少，都会在一定程度上造成我们的不愉快，人们喜欢的往往维持在中等的刺激水平上。大量的研究表明，人造景观的多种样式处于中等水平时，可以最大限度地吸引我们，同时给我们以愉悦感。

④环境应激理论。这一理论是环境心理学另一个有着深刻启示的理论。这里所谓的应激源指的是威胁人体健康状况，以及撞击个体心智与身体的不利环境，在这一环境中，很多因素都能成为应激源，如拥挤、噪声、自然灾害等。而应激的含义就是个体对各种环境的反应，包括行为上的异常、情绪上的不适等状况。

（3）环境行为心理学的具体表现

在主体心理及行为方面，环境有着非常重要的作用，它能够为人们提供各种类型的感官刺激，如噪声、光照、温度和色彩等。人只有抓住这些刺激所带来的心理反应，并在其心理角度对环境进行设计与规划，才能真正把握住人的需求。建筑师迈耶认为，个体能够适应任何空间布局，且该环境的特点完全决定了特定环境中的行为，其还认为只要改变了城市中的物质形式，就会改变个体的行为。这个观点显然过于绝对了，明显忽视了人与环境之间的互动关系。

（4）环境艺术设计中的人际关系

亲疏远近的人际关系在人类出现的时代就已经存在了，并且其还伴随着相应的心理活动，心理活动会通过外在行为进行表现，这就促使了人们在同一空间内由所处位置带来的交互方式，并且还体现了人与人的关系。人们的下意识行为，是一种因人际关系产生的不自觉行为，这常常在体现人的潜在心理活动时能表现得更加真实。环境艺术设计为人们提供了一种向心核，促使人们向其中心聚拢；反之，空间内则会缺少向心核，从而形成空荡荡的场所，很难聚拢人群。所以，设计者可以增加一些向心空间，以便人们能更好地在适合的人群中交流；但如果希望人们能尽快地离开，则可以设计一些离心的方式。

2. 环境行为心理学的特征

（1）动作、行为的特性

人的动作、行为是有各种习惯性的，而且这种习惯性是共通的。这样的倾向或习惯成为人的习惯特性，不仅是人们自身所具有的特性，而且也影响空间及家具设施等的使用状况。

①关于门在哪一侧开启也可以看出人的习惯特性。对于各种门的习惯开启方式的调查结果显示，人们选择右手操作的倾向较强，“向右旋转 = 输出增大 = 开”成为比较固定的观念。

②人的就座方式的不同也可显示出某种倾向。调查结果显示，人们有把墙、窗置于左侧、正面，或把门置于背面的倾向。因此，可以看出东方人喜欢面墙、面窗而坐，而西方人则反之，喜欢背墙、背窗而坐。关于就寝方式，可以看出有把墙、窗置于头部一侧，而把门置于右侧或脚部一侧的倾向。

调查显示，接近九成的人把远离门口的座位、壁龛或壁炉前以及墙的一侧房间当作上座，而把视野好的位置当作上座的人约占 75%；关于左右的位置，由于文化习俗不同其认识差别也相当大。

（2）人的心理与行为

人在建成的环境中，其心理与行为既存在个体之间的差异，但从整体上分析，又具有相同或类似的性质。

①领域性与个人空间。领域性和个人空间都与空间范围内的行为发生有关，并且都在心理上形成了空间区域。但有所不同的是，现实条件会在很大程度上影响个人空间，它的移动是按照人的走动来的，并且在环境条件不同时还会发生方向和尺度的变化；但领域空间作为地理学上的固定点，是不会随着人移动而产生变化的。

领域性本来就是一种行为方式，是生物为了繁衍生存而在自然环境中获取食物，主要强调的是空间的范围。人们就经常因为不同的对象和场合，下意识地调整他们之间的距离，他们在空间上的距离也反映了心理上的距离。这一状况出现在各年龄阶层之中，并已经被大家默认。这种行为倾向在一开始可能是无意识的，但时间一长，这种现象就会成为事实上的区域特权化。领域空间之所以形成是因为一定的人群对某些地点进行反复占用，所以这个地点的领域性特权就被人们默认了。

②私密性与尽端趋向。私密性包含寻求接触和限制接触，是双向、互相交流的过程。人在特定的时间与情境里会有主观的与他人接触的理想程度，即理

想的私密性。人对于私密性的要求并不代表着自我的孤立，而是代表着希望能自由控制、选择和他人接触的程度。

私密性在相应的空间范围都有所涉及，包含声音和视线方面的隔绝要求，或是提供与公共生活相联系的渠道。在调查中可以发现，人们总是希望自己不受人们的注意，但又想一直处于视野开阔的地带。这可以说是大多数人已经习惯了的一种状态，也就是利用空间基于接近回避的法则，在确保安全感的情况下，尽可能多地与周围环境进行接触，从而进行更加详细的了解。

③看与被看。在调查报告中，大部分人特别是单独使用者在休息时，都会选择面向人类活动的方向，已经有很多项调查表明，人看人、看与被看的行为规律是存在很大的普遍性的。几乎每个人的本性都是对其他人有着强烈的好奇心，在观察他人的同时，人们会判断自身与大众的关联，目的在于从心理上得到安全感和认同感。此外，人的本能还体现在被看的欲望上，通过吸引观众，激发愉悦感的行为，重点在于他人的凝视，不然就会失去愉悦感。

（3）空间形态与心理行为

首先，环境空间的营造需要人们的现实需要和生活经验，分别体现了人的心理要求和行为活动要求，并与社会文化和风俗习惯等形成了内在联系。其次，环境空间也在一定程度上影响了使用者，通过人的知觉过程对心理模式进行改变，并以此催生新的行为方式出现。这两个过程是重复且交替进行的，所以除了要考虑环境的空间布局，更为重要的是要观察人行为的空间格局，也就是各项活动所适宜的空间及地点，以此来研究人的心理、行为和空间形态间的相互作用。室外空间中道路的宽窄、空间的开阔与封闭，以及由此形成的空间形态上的对比关系，使人们自然会寻找那些主要的道路，或是宽阔的、规整的空间去完成其行为。而且，人们对这样的空间，会从心理上有一种天然的信任和安全感。很明显，不管人们处于哪一个年龄阶段，都能提高宽阔空间的使用效率。

（4）边缘效应

观察我国城市广场的使用状况可以发现，几乎在每个边界周围都聚集了很多人，包括陆地与水、草坪与硬质地面、台阶、成排的路灯或树木等地。这种明显可见的分界线本身就是吸引人们的因素，它不仅吸引着那些行为霸道的人群，也在很大程度上吸引了那些想寻求某些安全感和胆小的人，原因是人们对于边缘界面的认识总会有环境被控制了的感觉，这些是环境的次要标志，可以帮助人们达到上述目的。这些明显的分界线，不仅能够提醒使用者他们所占的区域范围，而且也能够帮助他们不会在无意间闯入别人的领域。

人们对空间私密性的要求，也会表现在边界效应上。追求个人私密的人并非出于对空间的长期控制，而仅仅是在某时某地当某种需要出现时，设法获取并维持对某一个满意环境为我所用的暂时控制。而这些空间的边界，既能使自己与他人保持距离，在别人面前不会过多地显露自己；又能与他人保持若即若离的联系，对可能发生的情况随机应变。

3. 环境行为心理学在环境艺术设计中的应用

（1）环境行为心理学的应用原则

①可识别性原则。可识别性原则是环境设计的第一原则。在环境设计中，如果缺少了导向者，那么就算再精巧的流线设计也会无济于事。人的本能是定位的要求，就如同在山间远足时，我们常常会为了不迷失方向而去不断探寻周边环境的消息，因此迷失方向和定位是密切相关的，而在室内空间中失去方向的现象，通常会让知觉发生困难。所以，方位导游图、清晰的指路标志和看得见的定位辅助是流线设计中必须要考虑的因素。并且流线在设计时也不需要过于复杂，只要能做到精确实用、有明确顺序和尽量给观众以轻松感就可以了。

②方向性与导向性原则。方向在展览室的空间内就是指人的动向，且生理和心理是影响着动向的。人体工程学统计的研究发现，人体总是习惯于靠右行、逆时针转向的动作性行为习性。所以，考虑到人体功能反应的适宜程度，参观展览流线设计应该以逆时针为宜。除此之外，展馆对观众来说是个陌生的地方，所以应当时刻关注其动向。

③和谐性原则。美的最高形式是和谐。展示的空间艺术设计是系统的设计，所以要充分考虑和谐的因素，应当对那些不相协调的因素进行统一，直到实现美的享受。环境设计是一个综合工程，需要综合考虑流线计划、空间配置、平面规划等，在尊重原有建筑的空间关系的前提下努力与之保持和谐；几乎环境内的所有设施都会对空间的整体效果带来影响，其中包括建筑的体量、色彩、位置和造型等，这些因素无一不反映了环境的观赏性、实用性与审美价值，并要努力平衡这些因素的影响。另外，场馆展示设计中有关色彩、结构、空间和材质的变化也是相当重要的，所以在展示设计中创造变化的空间也是必不可少的。

④自由性原则。参观环境的设计应该给观众充分的选择机会。其原因主要有两种：其一，不同的观众有着不同的需求，满足庞大人群的各类需求是没有特定设计的；其二，按照博物馆参观者的研究，参观者对于较为自由的参观路

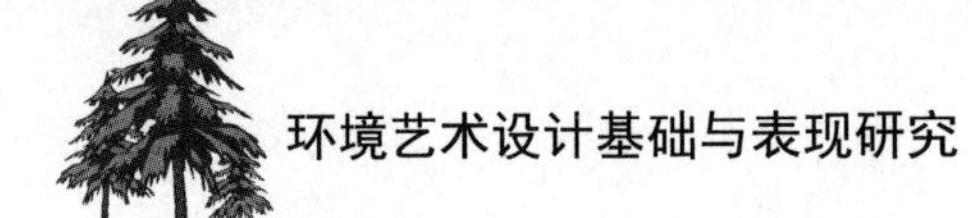

线是表示肯定的，如果只有一条路线而没有其他选择，那么参观者会很容易产生枯燥乏味的情绪，这样是不能达到展览的预期效果的。因此，在参观路线上，设计者应该提供给参观者更多灵活可变的路线，并给予更多的选择方式与选择空间，最后不仅可以调动参观者参观的积极性，还能满足参观者的强烈的好奇心。

（2）基于环境行为心理学的环境艺术设计要求

①延展性要求。从人的心理需要上来说，总是希望宽敞、开放的环境。在展馆环境空间组织中，设计师应力求打破展馆封闭的空间，模糊和软化边界空间，让展馆与外部相接，丰富观者的体验。

②审美性要求。审美是情感熏陶的更高层次。好的流线设计作品不但能把观者带至特定的情绪氛围中，更能以一种审美的方式对它进行超越，使之回味无穷。审美是人类特有的一种品质，在审美性的空间中，人不仅感受到了悲伤、愤怒、激昂、兴奋等情感性体验，还能从中获得一种肯定和力量，获得一种希望。这就是展馆空间设计的最高目的所在。

（3）环境行为心理学在环境艺术设计中的体现

①应符合人们的行为模式和心理特征。如今，人们越来越重视现代社会的环境变化，环境的极度恶化也引发了一个问题，即环境需要达到何种程度才能与使用者的行为心理协调发展，同时这一问题也要求人们需要更加深入地研究环境和人行为心理的关系。而设计师在很长的一段时间中，认为自己完全可以照自己的意愿创造新的物质、精神秩序。他们认为环境对人的行为起着决定作用，也相信使用者在感受和使用环境时会遵循他们的意志，由此这种变相的“环境决定论”造成了人与环境的隔阂。

②认知环境和心理行为模式对组织空间的提示。在认知环境中结合上述心理行为模式，在环境艺术设计的空间组织中是存在某种提示的。

首先，是空间秩序，其是说人的行为在时间上具有倾向性和规律性，这在环境中表现得尤为突出。

其次，是空间的流动，即在环境空间中，人从一点移动到另一点的行为。人们在生活中会为了达到某种目的而改变自己的运动路线或场所，这都是倾向性和规律性的表现。确定环境空间的规模和相互关系的重要依据是人在空间中的流动模式与流动量。

最后，是空间的分布，即人在空间中某一时间段的分布状况，并且我们能够从中知道环境空间中人的分布具有一定规律。有人将环境空间中人的分布状态归纳为两种类型，一是聚块图形，二是扩散型。在人们的行为与空间之间存在着十分密切的关系和特性，以及固有的规律和秩序，而从这些特性中可看出社会制度、风俗、城市形态以及建筑空间构成因素的影响。

③使用者与环境的互动关系。人处于特定的社会关联之中时，会同时看成主动与被动，即环境形式在决定社会中是主动的，但在环境和社会的影响下是被动的。人类改变其生活方式也会改变空间需求，环境艺术设计研究的应该是城市生活有哪些规律，以及人们在不同的时间和地点有哪些活动特点，以此来满足其对空间环境的需求。从一定程度上来讲，空间的文化环境是由人们塑造的，反之，人也被空间环境所影响和塑造着。

4. 环境艺术中环境行为心理学的具体表现

（1）安全性

在环境艺术设计中，人们面对不同的宽度、高度和长度，心里的感受是各不相同的，如果身处在矩形的空间中，就会让人觉得规整和稳固；在圆形空间中则会觉得完整与和谐；但如果空间的顶部偏低就会让人瞬时觉得有压迫感。如中国大剧院的顶棚设计，波浪形的空间会给人活泼、自由的感觉。从人的心理感受上说，其实并不是越开阔就是越好的。空间如果过于宽广，就会导致人们存在一种容易丢失的不安全感，但人是需要安全感的，需要的空间氛围也是能受到保护的，所以人们更喜欢找到可以依托的物体。

（2）私密性

一个人或群体控制自己在何时、何种程度同他人交换信息的过程指的就是私密性。私密性可以让人有个人感，也可以说是人类的本能，人们可以在没有其他人在场的情况下，通过自己的想法支配环境，并充分表达自我感情，同时，私密性还能帮助个体在不同的人际关系中保持不同的空间距离。我们每个人都有一个不容他人侵犯，不见边界，随着我们的移动而移动，并依据情境扩大和缩小的领域，被称为“个人空间”。在和其他人进行接触时，个体会自动调整与对方的空间距离，这种做法不仅能够反映对方的感受，而且也是一种沟通的方式。美国研究者将个人空间的范围分为私人距离、亲密距离、公众距离和社交距离四种，这四种分别反映了人们在不同情境下的心理需求，同时也表现出私密性与公众性相矛盾统一的界限，即在保证领域占有者的安全时，还要便于人群的交往。

（3）领域性

领域是指人所占用与控制的空间范围，其主要功能是为个人或某一群体提供可控制的空间。这样的空间可以是一个人的座位、房子，或是一整片区域等，不仅有着围墙等具体的边界体现，还可以存在能被他人识别的、有象征意义的感知范围与边界标识。中国的传统建筑，小到四合院，大到紫禁城，无一不体现出强烈的领域感，事实上，领域不仅是对一个人的肯定，而且也是对归属感和自我意识的肯定。因此，人们在捍卫领域权时经常通过语言、姿势或使用外物来实现。

人的空间行为也能说是一种社会过程，人们在使用空间时，不会按照人体的尺寸而机械排列，而是会使其存在一定的空间距离，人们会利用这一距离，控制他人和个人信息的交流。这就呈现出使用空间时的一系列围绕着人的气泡状的个人空间模式，它是空间中个人的自我边界，而且边界会随着两者关系的亲近而逐渐消失。这一模式充分说明了空间绝不是按人体尺寸来排列的，只有当设计的空间形态与尺寸符合人的行为模式时，才能合理有效地利用空间。因此，环境艺术设计中的其中一个重要前提就是要充分考虑人使用空间的行为。

第二节　环境艺术设计的发展演变

一、古代环境艺术设计

（一）上古时期的环境艺术设计

1. 史前到早期文明

史前到早期文明这一阶段人类只能改造环境，还谈不上环境艺术设计。

人类的进化始于工具的制造和使用，人类对环境的改造也始于此。

远古时期人类的生存环境十分恶劣，人类要面对严寒、酷暑、野兽和人类自身的疾病。在这种自然条件下，人类首先要使居住环境满足安全需求。在安全需求得到满足之后，会产生更高层次的需求。随着生产力的提高，人类需要更加舒适的居住环境。

人类的居住环境起源于远古时期人类建造的房屋。人类自己建造房屋是环境设计的开端。

马耳他岛上的庙宇是迄今为止发现的最早的人类用石头建造的独立建筑物，建造于公元前3600年至前2500年。这些神庙有的是独立的建筑，有的则构成神庙群。

在新石器时代，人类在改造环境的过程中取得的进步是开始修建建筑物。在这一时期人类社会出现了永久性居留村落，建筑也随之产生。这一时期的建筑虽然不能被称为环境艺术设计，但是却产生了巨石圈这种纪念性建筑。

巨石圈即斯通亨治巨石圈，位于英国伦敦西南 100 多公里的索尔兹伯里平原。斯通亨治巨石圈直径 30 米，由高约 4 米的巨石组成，是最早、最壮观的环境景观之一。

2. 古希腊与古罗马

古希腊、古罗马时期到近代时期的环境艺术设计主要表现为建筑设计。

（1）爱琴时期

古代爱琴海地区以爱琴海为中心，包括希腊半岛、爱琴海中各岛屿与小亚细亚西岸的地区。爱琴海地区的文明先后将克里特和麦西尼作为中心，因此被称为克里特—麦西尼文化。

克里特是爱琴海南部的一座岛屿，其文明是岛屿文明，宫殿建筑是其建筑设计的典型代表。克里特的宫殿建筑以典雅凝重为主要特色，空间的变化也非常有特点。其中，克诺索斯王宫是最能代表其文明的宫殿建筑。克诺索斯王宫是一座大型建筑，整座建筑依山而建，其中心是一个长方形庭院，这个庭院长 52 米，宽 27 米。在这个庭院周围是各种殿堂、房间、走廊及库房，这些房间之间是相互贯通的。由于克里特岛气候温和，克诺索斯王宫的室内外一般只用柱子进行划分。克诺索斯王宫由于是依山而建的建筑，建筑内部的地势落差大。因此，克诺索斯王宫内部的结构富于变化，走廊和楼道迂回曲折，有“迷宫”之称。

（2）古代希腊

古代希腊是指建立在巴尔干半岛及其邻近岛屿和小亚细亚西部沿岸地区诸国的总称。古希腊是欧洲文化的圣地，古希腊人在各个领域都取得了杰出的成就，在环境艺术领域也不例外。古希腊的建筑十分完善，其建筑风格彰显了古希腊人特有的理性文化。

（3）古代罗马

在古希腊文化走向衰落的同时，古罗马文化逐渐崛起。

古代罗马包括亚平宁半岛、巴尔干半岛、小亚细亚及非洲北部等地中海沿岸大片地区。公元前 500 年左右，古罗马开始了在亚平宁半岛的统一战争，古罗马的统一战争持续了二百余年之久，统一后实行共和制。通过对外扩张，古

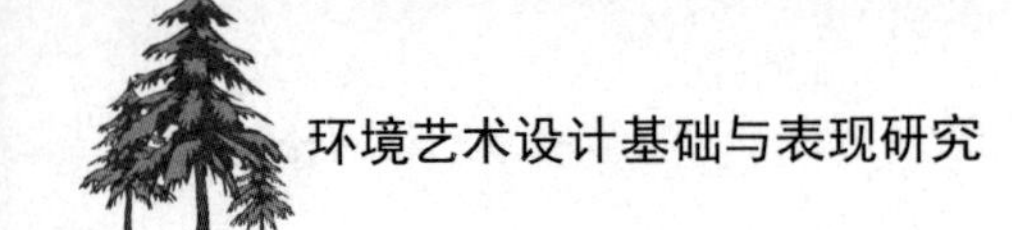

罗马于公元前 1 世纪建立起了跨越亚、欧、非三大洲的庞大帝国。

古罗马继承了古希腊的建筑艺术，并将其推向了奴隶时代建筑艺术的顶峰。古罗马时期的建筑类型、形制极其丰富，建筑结构的设计也达到了很高的水平，建筑形式和建筑手法非常发达，影响了欧洲甚至是全世界的建筑设计。

拱券技术在古罗马时期得到了广泛的应用，应用的水平也非常高，成为古罗马建筑的重要特征。古罗马时期非常注重建设广场、剧场、角斗场等大型公共建筑。

作为当时最大的帝国的罗马帝国，在公元前 1 世纪至公元前 3 世纪初建设了大量气势宏大并有时代特征的建筑，成为建筑史上的又一座高峰。这个世纪建筑设计的最典型代表是万神庙。万神庙最典型的特点是它的圆形大殿。圆形大殿借助于穹顶结构使万神庙形成了凝重而又饱满的内部空间，而内部空间正是万神庙最富有艺术魅力的所在。

除万神庙以外，罗马大角斗场是这一时期的另一代表性建筑。罗马大角斗场建于公元 75 ～ 80 年，是一座长轴长 188 米，短轴长 156 米的椭圆形角斗场。罗马大角斗场的中央部分是用于角斗的区域，四周有 60 排闭合的看台作为观众席，在观众席和角斗区域之间建有高墙，用以保护观众的安全。罗马角斗场规模宏大，设计精巧，巧妙地运用了立柱结构和拱券技术，使用砖石材料和力学原理建成的跨空承重结构，在减轻建筑重量的同时使建筑呈现动感和延伸感。

在罗马帝国时期，古罗马为记录和歌颂帝王功德，建造了凯旋门、纪功柱、帝王广场和宫殿等建筑。其中，凯旋门对建筑设计的发展影响十分深远。凯旋门是一种特殊的建筑形式，主要作用是歌颂帝王功德，其典型代表是建造于公元 312 年的君士坦丁凯旋门。

3. 古中国与古印度

（1）古代中国

中国的建筑体系不同于西方的建筑体系，但也在很大程度上影响了建筑设计的发展。

①园林景观。中国早在商周时期就出现了园林景观，最早的园林形式是“囿”，其中的主要建筑是“台”，中国古典园林的雏形产生于约公元前 11 世纪商代的囿与台的结合。

春秋战国时期，贵族园林数目众多且规模庞大，比较著名的是楚国的章华台、吴国的姑苏台。

②长城。公元前 9 世纪，西周王朝在其疆域的北方修建城堡抵御游牧民族

的入侵。战国后期，各个诸侯国在其领土的边境筑墙以保证自己国家的安全。公元前221年，秦始皇统一中国，为保护这个新统一的国家的安全，使整个国家不受北方游牧民族的侵扰，秦国将各个诸侯国的长城连接起来并扩建，建造起了东起辽东、西至临洮的长城，即秦长城。

长城的主要建筑结构是城墙，也包括关城、卫所、烽火台等军事设施和生活设施，是具有战斗、通信等功能的军事防御体系。

公元前206年，刘邦称帝，建立汉朝。汉朝修葺了秦长城，在其基础上又修筑了新的长城，使其长度达到一万里。

③秦汉建筑。汉朝虽然取代了秦朝，但是“汉承秦制”，汉朝继承了秦朝的各个方面，包括建筑风格。秦汉建筑的主要风格是淳朴，宫殿建筑的成就最高。

秦汉两代将其作为正处于上升阶段的封建统治力量和王权观念，在建筑上体现为巨大的空间尺度。受当时的文化影响，秦汉建筑用大规模的建筑象征着宇宙和天地的宽广。

（2）古代印度

①最早的城市。在公元前三千多年，印度河流域和恒河流域就建立了人类最早的城市。20世纪20年起，陆续发掘了摩享佐·达罗城古城遗址。摩享佐·达罗城古城遗址以其强大的城市规划能力证明了古印度文明在当时已经发展到了很高的水平。

②窣堵坡。孔雀王朝在公元前三世纪中叶统一了印度。孔雀王朝的建筑风格继承了印度当地的建筑风格，又吸收了外来文化的影响，形成了自己的独特风格，将佛教建筑推上了建筑设计的高峰。

孔雀王朝最具代表性的建筑是桑契窣堵坡。窣堵坡是印度佛教埋葬佛骨的建筑，从孔雀王朝开始，发展为佛教的礼拜中心。桑契窣堵坡建造于安度罗时代，是早期印度佛教艺术发展的顶峰。

窣堵坡的设计有极强的象征性，象征佛力无边又无迹无形，也是佛陀形象的具体化体现。

（二）中古时期的环境艺术设计

1. 拜占庭

公元395年，罗马帝国分裂成东罗马帝国和西罗马帝国。东罗马帝国也称拜占庭帝国，其文化由罗马文化、东方文化和基督教文化三部分组成，形成了独特的拜占庭文化，其建筑文化也在很大程度上影响了欧洲和亚洲国家的建筑。

拜占庭建筑的典型代表是圣索菲亚大教堂。它的顶部设计为巴西利卡式布局，东西长 77 米，南北长 71.7 米。其中央大殿为正方形两侧各加一个半圆组成的椭圆形，正方形上方是圆形穹顶，高约 15 米，直径约 33 米。中央穹顶南北两侧的空间透过柱廊与中央的大殿相连，东西两侧逐个缩小的半穹顶造成步步扩大的空间层次，既和穹顶融为一体，又富有层次。

意大利作为古罗马的中心，其文化艺术受到罗马的影响。意大利的建筑规模、结构方式和装饰手法都遵循罗马的建筑设计规律。意大利的建筑风格并不是统一的，意大利东部受拜占庭建筑影响，南部受到伊斯兰文化的影响。

俄罗斯人属于东斯拉夫人种，公元 862 年，第一个俄罗斯国家在诺夫哥罗德诞生，公元 882 年将首都迁往基辅。公元 10 世纪，拜占庭建筑风格和建筑技术传入俄罗斯，并在俄罗斯大肆流行。俄罗斯的建筑风格延续并发展了拜占庭建筑的风格。

2. 哥特式

哥特式建筑产生于 12 世纪中期，以法国为中心向整个欧洲发展，13 世纪发展到顶峰，15 世纪由于文艺复兴运动而衰落。

哥特式建筑由罗马式建筑发展而来。哥特式建筑将罗马式建筑中的十字拱发展为带有肋拱的十字尖拱，从而降低建筑顶部的厚度。哥特式建筑比罗马式建筑更高。通常情况下，哥特式建筑的高度是其宽度的 3 倍，并在 30 米以上。哥特式建筑内部和外部都是垂直形态，往往给人以整个建筑是从地下生长起来的独特感受。

哥特式建筑发源于法国，法国的巴黎圣母院是哥特式建筑的典型代表，位于塞纳河的斯德岛上，完工于 1163 ～ 1320 年，是欧洲建筑史上一个划时代的标志性建筑。

二、近代环境艺术设计

（一）文艺复兴的环境艺术设计

14 世纪，欧洲的思想文化领域掀起了一场以意大利为中心的文艺复兴运动。文艺复兴运动反对宗教神学，倡导人本主义思想。它挣脱了中世纪神学的束缚，复兴希腊、罗马的古典文化，使欧洲进入一个文化蓬勃发展的新时期。

文艺复兴时期的建筑和环境设计的显著特征是抛弃了哥特式风格，在建筑设计中大量应用古希腊和古罗马时期的柱式构图要素，以更好地体现和谐和理性。同时，将人体雕塑、大型壁画和线型图案锻铁饰件应用于室内装饰。

文艺复兴时期，有大量的著名艺术家参与建筑设计和环境设计。他们参考人体尺度，借助于数学知识和几何知识研究古典艺术的内在审美规律，并在此基础上进行艺术创作。

1. 早期文艺复兴

15 世纪初期，以佛罗伦萨为中心的意大利中部的建筑设计中出现了新的倾向，即既在建筑中使用古典设计要素，又使用数学知识设计出和谐的效果。

这一时期的代表人物是伯鲁乃列斯基。他深入研究了大量的古典建筑结构，使得他能够在自己的设计中灵活运用建筑设计中的传统要素。伯鲁乃列斯基在数学原理的基础上进行设计，使其建筑作品呈现出朴素、和谐的风格。

2. 盛期文艺复兴

15 世纪中期后，文艺复兴运动由意大利传播到德国、法国、英国和西班牙等国家。文艺复兴运动在 16 世纪发展到顶峰，使欧洲的文化和科学事业都有了巨大的发展，建筑设计也进入繁荣发展阶段，建筑设计逐渐朝着完美和健康的方向发展。

意大利是文艺复兴运动的中心，位于意大利的圣彼得大教堂是文艺复兴时期最宏伟的建筑设计。

文艺复兴运动以意大利的佛罗伦萨为中心逐渐发展，后来影响到威尼斯。威尼斯的圣马可广场及其周边的建筑是文艺复兴时期的代表性建筑。圣马可广场自建成之日起便是威尼斯的政治中心、商业中心和公共活动中心。

（二）洛可可设计风格

洛可可一词本是法语中的词汇，意为岩石和贝壳。在建筑设计中，洛可可是指建筑装饰中的自然特征，如贝壳、海浪、珊瑚等。18 世纪后期，洛可可一词用来讽刺某种反古典主义的艺术风格。19 世纪，洛可可一词才不再含有贬义。

巴黎苏比兹公馆的椭圆形客厅是典型的洛可可设计。巴黎苏比兹公馆的椭圆形客厅分为上下两层，下层由苏比兹公爵使用，上层由苏比兹公爵夫人使用。上层的设计独具特色，设计师将 4 个窗户、1 个入口和 3 个镜子设计成 8 个高大的拱门巧妙地划分了椭圆形房间的壁画。

（三）古典主义

1. 新古典主义

18 世纪中期，欧洲展开了以法国为中心的启蒙运动，推动了建筑设计领域的变革。这一时期大部分欧洲国家都对洛可可风格的建筑产生了审美疲劳，与此同时，意大利、希腊和西亚发现的古典遗址使人们更加推崇古典文化。在这种情况下，法国兴起了新古典主义，新古典主义倡导复兴古典文化。新古典主义所谓的复兴古典文化是针对洛可可风格提出的，复古是为了创新，在建筑设计中应用和创造古典形式体现了重新建立理性和秩序的意愿。直至 19 世纪中期，新古典主义在欧洲都很流行。

新古典主义在建筑设计上虽然追求古典美，但也注重现实生活，将简单的形式作为最高理想，提倡在新的理性原则和逻辑规律中抒发情感。

2. 浪漫主义

1789 年的法国大革命是欧洲艺术发展的转折点。法国大革命后，人们对艺术甚至是对生活的看法发生了深刻的变化，并产生了浪漫主义。

18 世纪中后期，英国首先将浪漫主义应用到建筑设计之中，它提倡个性和自然主义，反对古典主义，其具体表现是追求中世纪的艺术形式和异国情调。浪漫主义在建筑中的应用多通过哥特式建筑形象表现出来，因此也被称为“哥特复兴”。

由设计师查理·伯瑞所设计的英国议会大厦，一般被认为是浪漫主义风格盛期的标志。

19 世纪初期，浪漫主义建筑使用了新材料和新技术，这种进步影响了现代风格的发展。它的典型代表是埃菲尔铁塔。埃菲尔铁塔是 19 世纪末期建造的有划时代意义的铁造建筑物，之后成了巴黎的象征。埃菲尔铁塔是为了庆祝巴黎举行世界博览会而修建的，其名称来源于铁塔的设计师埃菲尔。

18 世纪下半叶到 19 世纪的浪漫主义运动，还表现在与帕拉第奥主义建筑相配合的英国“风景庭园”的兴起上。

最为典型的“风景庭园”是英国威尔特郡的斯托海德庄园。斯托海德庄园位于索尔斯伯里平原的西南角。斯托海德庄园风景优美，庄园内有岛屿、堤岸、缓坡、土岗和草地等。

3. 折中主义

19 世纪前期，折中主义在欧洲兴起。折中主义在 19 世纪的欧洲十分流行，并一直延续到了20世纪初期。折中主义注重形式美，重视比例和推敲形体，不遵循固定的程式。

折中主义在法国最为流行，巴黎美术学院是折中主义的艺术中心。巴黎歌剧院是折中主义的代表性设计。巴黎歌剧院是当时欧洲面积最大、室内装饰最豪华的歌剧院，它融合了包括古希腊和古罗马式的柱廊在内的多种建筑风格，建筑整体规模宏大、装饰精美。

三、现代与后现代环境艺术设计

（一）现代主义设计风格的诞生

1. 现代主义的开端

“现代主义”作为一个文化概念，其含义十分宽泛。它不是在某一领域内展开，而是在工业、交通、通信、建筑、科技和文化艺术等领域的文化运动，给人类社会带来了深远影响。

随着科学技术的发展以及人民生活水平的大幅提高，传统的建筑形式已经不能满足人们的生活需求。为满足人们对建筑的需求，建筑材料、建筑技术和建筑结构不断发展，新的技术大量应用到建筑领域中，新的建筑理论也不断涌现。在这样的背景下，现代主义建筑运动蓬勃发展起来，出现了大量的优秀建筑师和杰出的建筑作品。现代主义建筑运动的兴起是建筑发展进入新阶段的标志。

美国建筑师赖特是现代主义建筑的杰出代表。他能够巧妙地运用钢材、石头、木材和钢筋混凝土设计出的建筑与自然环境融合并表现出令人振奋的关系，尤其擅长几何平面布置和轮廓方面的设计，代表作品为“草原式住宅”。

第一次世界大战期间，荷兰没有受到战争的破坏，环境艺术设计及其理论大量发展，出现了“风格派”。蒙德里安和里特维尔德是风格派的核心人物。其中，蒙德里安是一名画家，里特维尔德是一名设计师。风格派将终极的、纯粹的实在作为其主要追求。

2. 包豪斯

包豪斯是德文，原意是“建筑之家”，音译为“包豪斯”。1919年，著名设计师、设计理论家瓦尔特·格罗皮乌斯创办了德国包豪斯设计学校。这是世界上第一所推行现代设计教育、有完整设计教育宗旨和教学体系的学校，也是第一所完全为发展设计教育而建立的学校。该校聘请了许多当时世界上著名的

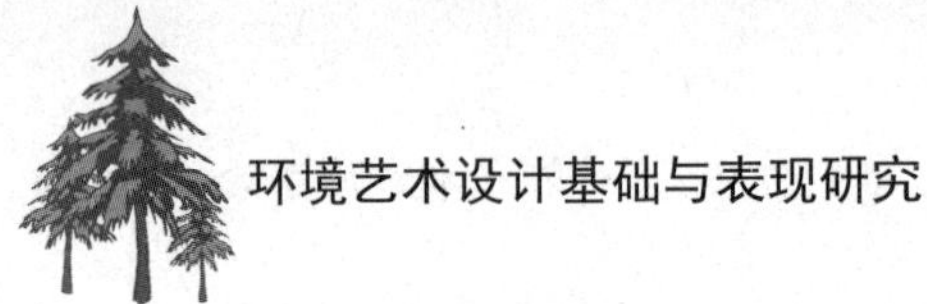

艺术家和设计师任教，在教学中推行全新的教学理念，使其成为当时欧洲最活跃、最有影响力的设计中心和现代主义设计诞生的摇篮。

包豪斯的出现对世界现代设计具有不可估量的价值。它是世界现代设计史上的里程碑，在设计理论、设计艺术教育、设计美学等各个方面都具有重大意义。

包豪斯的成就主要体现在其奠定了现代主义设计的观念基础，建立了现代的设计教育体系和教育理念。随着格罗佩斯等人因为第二次世界大战来到美国，美国的现代设计在包豪斯的理论体系基础上迅速地发展起来，并发展成为一种新的设计风格——“国际主义”风格。虽然国际主义风格在发展中也导致了对各地民族文化和地域文化的排斥，被后人批评为“千篇一律”，但这些并不能否定包豪斯对于世界现代设计的巨大贡献。

（二）国际主义设计风格

第二次世界大战结束后，西方国家在恢复国民经济的同时开始大规模兴建建筑。造型简单又功能完善的现代主义建筑大量兴建起来。环境艺术设计和室内设计理念日趋完善，各种设计理论异彩纷呈。但在 1945 年至 20 世纪 70 年代这一阶段在环境艺术设计领域占据主导地位的是国际主义设计风格。

国际主义设计风格建筑的主要形式是密斯的国际主义风格建筑形式，坚持“少就是多”的设计原则，设计简单明确，工业化特点鲜明。

1. 粗野主义和典雅主义

（1）粗野主义

粗野主义在建筑设计中的具体表现是保留水泥上模板的痕迹，使用粗壮的结构体现钢筋混凝土的粗野。粗野主义虽然追求粗鲁，但却要在设计中表现出诗意，表现国际主义向形式化发展的趋势。粗野主义的代表人物是柯布西耶，他于 1950 年在法国设计的朗香教堂是其里程碑式的作品。

（2）典雅主义

最早在设计中表现出典雅主义倾向的设计是约翰逊在 1949 年设计的“玻璃住宅”的室内设计。“玻璃住宅”的起居室中摆放了密斯在巴塞罗那世界博览会中设计的钢皮椅子，这把椅子的形式和“玻璃住宅”的空间十分协调。此外，约翰逊还使用了雕塑、油画和地毯等装饰使“玻璃住宅”简单的结构形式更加丰富。这表明这个时期的建筑设计已经开始注重建筑使用者的心理需求。

2. 20 世纪 60 年代以后的现代主义

20 世纪 60 年代后，现代主义设计在环境艺术设计领域占据主导地位，国际主义设计的发展则更加丰富。这一阶段的环境观念开始形成。建筑师和设计师在进行建筑设计时将阳光、空气、绿地等因素加以考虑。室内空间和室外空间之间没有明确的划分，高楼大厦中设计有庭院和广场。

这一时期的代表性人物是美国现代建筑大师约翰·波特曼，他以独特的旅馆空间而闻名。旅馆空间是指约翰·波特曼在旅馆中庭设计出独具特色的共享空间。波特曼设计的旅馆中庭有穿插、渗透、复杂变化的特点，一般高达几十米，可作为室内主体广场。

美籍华裔著名建筑大师贝聿铭一直遵循现代主义建筑原则进行创作。他设计的华盛顿国家美术馆东馆的建筑内外环境是20世纪60年代后期最重要的作品。他在设计中巧妙地运用了几何形体，使其与周围的环境和谐统一。其建筑设计的整体造型简洁大方、庄重典雅，空间安排舒展流畅、条理分明，同时又有很强的适用性。华盛顿国家美术馆东馆所处的地形为直角梯田，贝聿铭将其分为直角三角形和等腰三角形两部分，使其与老馆的轴线对应。

贝聿铭设计的中国北京的香山饭店是其环境原则和在设计中综合多种元素原则的充分体现。香山饭店位于香山公园，鉴于当地的自然环境和周围的历史文物，贝聿铭在设计中结合了西方现代建筑结构和中国传统元素，尤其是园林建筑元素和民居院落元素，使其在现代建筑中体现出中国传统文化。

（三）后现代主义

1. 戏谑的古典主义

戏谑的古典主义是后现代主义影响最大的一种设计类型，它是用戏谑的、嘲讽的表现手法来运用古典主义形式或符号的。

摩尔是美国后现代主义最重要的设计大师之一。1977～1978年，他与佩里兹合作设计了“意大利广场”。这座建筑是后现代主义早期的重要作品。“意大利广场”位于新奥尔良市，是为当地的意大利移民设计的。

“意大利广场”是一座圆形广场，在广场的一侧设计有大水池，象征着地中海。水池中有意大利地图，寓意水流自阿尔卑斯山流下，流经意大利半岛最后进入地中海。意大利地图上的西西里岛被设计在圆形广场的中心位置，象征着当地的意大利移民多来自西西里岛。

格雷夫斯是美国著名后现代主义设计师。他在佛罗里达设计的迪士尼世界天鹅旅馆和海豚旅馆是典型的戏谑古典主义作品。他将巨大的天鹅雕塑和海豚雕塑设计在旅馆的屋顶上，使其建筑设计的外观具有极为鲜明的标志性，内部设计则体现迪士尼风格。在室内设计中格雷夫斯运用了大量的绘画，旅馆的大堂、会议室和客房走廊的墙壁上有大量的以花卉和热带植物为题材的绘画。但其中也不乏古典的拱券设计和中世纪建筑中广泛使用的集束柱。

2. 传统现代主义

传统现代主义是狭义后现代主义风格的一种类型。传统现代主义不同于戏谑的古典主义，它不使用嘲讽的方式运用古典主义元素，而是适当地采取古典的比例、尺度、某些符号特征作为发展的构思，同时注意细节的装饰，并多采用折中主义手法，设计内容更加丰富、奢华。

富兰克林纪念馆是后现代主义里程碑式的作品，由文丘里于 1972 年设计而成，位于富兰克林故居的遗址上。

富兰克林纪念馆的地下部分是其建筑的主体部分。在地上可以通过一条无障碍的坡道进入地下展馆，展馆通过电影厅和几个展室介绍了富兰克林的生平。这个纪念馆的设计巧妙之处是它没有落入恢复名人故居原貌的窠臼，而是将其建在地下，将地面部分设计成绿地供周边居民活动。

纽约的珀欣广场也是一座传统现代主义设计的建筑。纽约的珀欣广场是一座钟楼，高达 38 m。钟楼下面是通向圆形喷泉的水道。当地曾经发生地震使广场地面出现了断裂线，如今这些断裂线成为当地曾发生地震的提示标志。

后现代主义是在现代主义和国际风格中发展而来的，并反思、批判和超越现代主义和国际风格。但后现代主义在发展过程中只是出现了多种流派，没能形成明确的风格界限。

（四）现代主义和后现代主义风格之后

20 世纪 70 年代后，科学技术的发展推动了经济的发展，人们的审美追求和精神需求发生了相应的变化，环境艺术设计的发展呈现出多元化的趋势，设计理念和表现方法更加丰富。与此同时，其他设计流派也在不断发展。在这个过程中，室内设计从建筑设计中独立出来并得到充分发展。

1. 高技派

高技派的设计风格在建筑设计和室内设计中的主要表现是强调工业化特色和技术细节。高技派在设计中使用新技术表现其作品的工业化风格，使其美学效果带有时代性和个性。

以充分暴露结构为特点的法国蓬皮杜国家艺术中心是其代表作品，蓬皮杜文化中心位于巴黎市中心，由英国建筑师罗杰斯和意大利建筑师皮亚诺共同设计。蓬皮杜文化中心是现代化巴黎的标志，也是高技派艺术设计的代表性作品，在设计中特别突出结构、设备管线、开敞空间，是“机械美”设计理念的典型体现。

香港汇丰银行是高技派另一个重要作品，由英国建筑师诺曼·福斯特设计而成。其建筑外墙由外包铝板和玻璃板组成，通过这些透明的玻璃板能直接看到大楼内部灵活又复杂的空间，给人带来恢宏的感受。

2. 解构主义

20 世纪 80 年代后期，解构主义诞生，它否定并批判了现代主义和国际主义风格。解构主义的设计作品多使用变形手法使其呈现出无序、失稳、突变、动态的特征。

拉维莱特公园是解构主义的代表性作品。拉维莱特公园位于巴黎，由建筑家屈米于 1982 年设计建造。拉维莱特公园由三套独立的体系组合而成，这三套独立的体系分别是点、线、面。其中，“点”的设计最为巧妙，是指红色的构筑物，被其设计者屈米称为“folies”，其含义为疯狂，同时也指 18 世纪英国园林景观中的适应风景效果或幻想趣味的建筑。这些构筑物被摆放在间隔 120 米的网格上，形成整齐的矩形，这种排列方式没有特殊意义，可将其视为识别性强的符号，也可以将其视为抽象性的雕塑。“线”是指由公园中的小路组成的曲线和两条垂直交叉的直线。其中一条直线连接了公园东西两侧原有的水渠，另一条直线是一条长达 3 公里的走廊。“面”是指公园中形状各异的绿地、铺地和水面。

第三节　环境艺术设计的创作特征

一、艺术与技术相结合

和别的艺术品相比，环境艺术和建筑艺术一样，具有大空间、大体量的特征，而建筑空间的建造，离不开建筑材料。传统建筑材料有砖、瓦、竹、木、水泥、陶瓷；现代建筑材料有钢材、铝材、各类塑料、玻璃、织物等。环境艺术中表现物质材料本身的特性，也就表现了一种物质技术美。由于大空间的特性，还要有覆盖大空间的技术以及和所选用的装饰材料相适应的架设、粘贴与吊挂技术，还要解决因大量材料而引起重量的有关问题，即受力与传力的各个环节上的问题。环境艺术的艺术处理必须和建筑材料、结构技术、装饰构造技术和建筑技术结合起来，这是环境艺术赖以实施的必要条件。离开了工程技术，就没有完整的、真正的环境艺术。

激光、彩灯、音响等技术成就也已纳入环境艺术的创作内容，新技术极大地丰富了环境艺术的表现力与感染力，丰富了环境艺术的创作。

二、实用性与特指性

（一）实用性

环境艺术是一种创造有功能使用价值空间的实用艺术。环境艺术创作的前提，首先必须满足使用上的基本要求，做到便利、舒适、安全、健康，人们无法在使用或功能使用上有缺陷的空间环境里来欣赏环境艺术。故环境艺术创作绝不可忘掉功能上的目的性和使用上的实用性，绝不可不顾服务对象的实际需求。

（二）特指性

环境艺术是对特定环境的处理，是特定环境的创作，与周围环境密切相关。由于环境艺术的特指性，故创作时必须考虑特定环境中的诸多因素，大范围的如地域、民族、乡土、历史、民俗、民情以及民众的精神因素等，小范围的如该环境用途、服务对象、当地材料、当地习惯及接受变异的能力等。诸特定因素融入环境艺术创作中，将会形成特色作品，有特指之意，且有独到之处，表现出环境艺术创作的特指性。

特指环境又是更大范围的整体环境的一部分，故应推敲特定环境与整体环境之关联程度而采取相应的创作对策。随着空间的扩大与层次的延展，要寻求相互间在功能使用与视觉感受上的关联性，找准自己的“位置”，进而根据对周围环境的需要，采取呼应、协调、对比与突出等措施，以表现其特指性。我国古代园林的创造，北方主要是皇家园林左右着人们的追求，显示皇家的富贵与豪奢。同时因地处北方，天空与地面景色较单调，故用重彩，以华丽变色取胜；江南园林多为文士的私园，素朴以求趣，淡雅以脱俗。又因其以山明水秀、天象多变、色彩浓重的南国环境为背景，故多崇尚素雅，以青瓦粉墙，笔墨不多而得万种风流。

三、自然与人工相结合

环境艺术创作层次多，范围广，有的借自然之园，借他家之景；有的重对自然之加工；有的重人工之创造，无论侧重何法，均以自然与人工的结合而见长。即使是室内环境，也常用“室内空间室外化”的手段，引入自然，或者是表现出自然物的质感、色彩、纹路等。

环境的创造，须是自然与人工相结合，而通过人工的取舍、组织、加工与创作，常会高于自然，精于自然。大凡进入妙境，人们总是说“人在画中游”，而且，见到好山水，好风景则常说“江山如画”，可见独具匠心的人工创造，往往可超越自然的表现力。

四、时空感

环境艺术是集众美于一身的综合艺术。自然之美和人们的美化活动，常是分散而单一的。环境艺术则把自然界及人工之美所创造的分散之美集合起来，集众芳之美，表达一定的主题意境，此中有选择、创造与编排的功夫。对于艺术要素的集合与编排应予重视的是：“第一个品格是秩序，没有秩序，我们的感觉就会引起混乱和困惑。第二个品格是变化，没有变化，就不能完满地刺激感官。”这种编排上的秩序与变化，乃是环境艺术创作的要旨。

外界空间全方位传来的各种感官信息，它们性质不同，强度各异，综合作用下构成我们对“场”的心理感觉。与人的心境结合时，往往化为“场觉”。“场觉”是人们对环境的直接感受与当时心境共同作用演化出来，激发出来的感觉。

第四节 环境艺术设计的风格与流派

一、各个国家和地区的环境艺术设计的风格

世界文化是多元的。不同的国家和地区，在历史文化、民族习惯、人文环境等方面具有的特殊性，形成了各地与众不同的民族文化。这些民族文化特性表现在设计上，我们称为设计的民族性与地域风格。

各个国家和地区在设计风格上存在明显的区别，具有各自的特点。正是这种差异的存在，为我们提供了多元的设计空间，使世界设计舞台变得丰富多彩。德国人的冷静和高度理性，为我们提供了精致考究的工业产品；法国人的浪漫

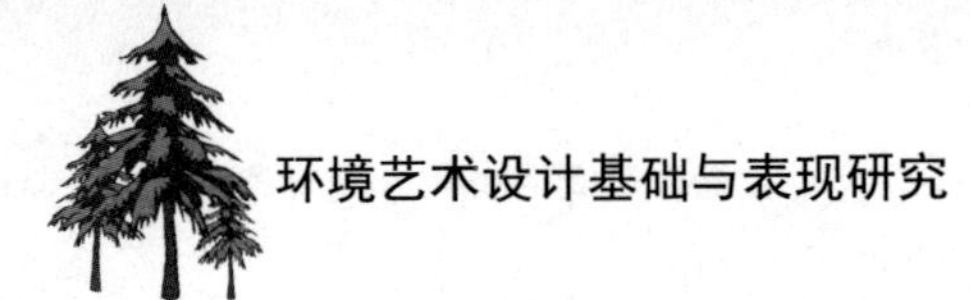

气质为我们贡献出精美的奢侈品设计。

（一）日本的环境艺术设计

作为当今世界发达国家中唯一的非西方国家，日本的发展有着非常独特的一面。坐落在亚洲东海岸的岛国日本，国土狭小，四面临海，人口众多。19世纪后半叶才开始自己的现代化运动。日本设计真正的发展，则是第二次世界大战以后的事情了。

“二战”后，日本开始着重发展经济。经过几十年的努力，这个国家奇迹般地从战争后的一蹶不振发展到高度繁荣，成为世界级的制造大国和设计大国。20世纪60年代，通过举办国际设计大会、产品博览会等活动，日本开始活跃于世界设计舞台。同时注重设计的日本人，用他们高品质、低价格的产品赢得了人们对于日本产品的认可，迅速地占领了国际市场。日本是一个单一民族国家，但是其文化却是多元的。日本人的学习从来就没有停止过，对于外来文化的借鉴并未影响到本国的传统文化，其具有很强的包容性，真正做到了博采众长，用现代保留传统。

日本现代环境艺术设计的特色主要表现在以下几个方面。

首先，日本设计注重保持和发扬本国的民族特色。日本设计具有鲜明的民族性，这一点体现在设计的各个方面。日本设计师能非常深刻地体会本民族的精神，能较好地运用设计手段，表达这种民族特性和民族文化。他们非常善于学习别国的先进经验，但这种学习绝非简单照搬和抄袭，而是通过自身的理解和消化，同时加上自己的文化传统而形成的。日本著名设计师龟仓雄策的设计，以主题鲜明、单纯强烈的风格特征闻名，在设计界树立了视觉设计上典型的日本风格。当今设计界对于如何在世界同一化背景下保持并发扬民族文化传统的讨论一直都没有停息过。日本的解决之道，非常值得我们学习和借鉴。

其次，日本的设计产品是精工制造与高科技的结合体。日本是世界一流的制造强国，工业产品在世界市场上占有相当的市场份额。这种优势主要表现在日本产品设计既注重产品的开发研究、加工质量，又注重将高科技与产品开发相结合。

在众多日本企业中，索尼公司因注重利用高科技开发产品而成就斐然。公司提出的设计理念是通过设计和技术、科研的结合，用全新的产品来创造市场。20世纪70年代，索尼公司的随身听设计可以说就是一个典型的例子。独特的构思、人性化的设计、精良的制作，几乎就是日本产品的普遍特点。

最后，日本环境艺术设计采取兼收并蓄、双轨制发展之道。日本环境艺术设计在处理传统与现代的关系中采用了双轨制的发展之道。综观日本的设计总体，我们就不难发现这一点。一方面是基于日本传统美学基础的传统设计，另一方面是基于西方设计经验的现代设计。传统与现代的双轨并行体制是日本环境艺术设计非常独特的地方。日本的代表设计师有福田繁雄、龟仓雄策、丹下健三等。

（二）北欧的环境艺术设计

我们常常将北欧地区称为斯堪的纳维亚地区。这一地区主要由五个国家组成，分别是芬兰、挪威、瑞典、丹麦和冰岛，其中瑞典、芬兰、丹麦的设计水平尤为突出。由于地理位置、历史传统等原因，斯堪的纳维亚的设计虽然是伴随着欧洲现代设计运动发展起来的，但有着自己独特的风格。在环境艺术设计领域至今一直保持着自己的艺术特色和文化精神。北欧设计在20世纪30年代获得了较高的国际声誉，“二战”后，更是得到了世界的认同。北欧设计的特点是强调选材、注重人机工程学的设计细节，充分考虑到产品的安全、舒适、方便、美观。这些具有优异品质的北欧产品，至今在世界各地受到高度赞誉，几乎成为杰出的代名词。瑞典的宜家家具、沃尔沃汽车，丹麦的家具和陶瓷制品，芬兰的高档玻璃制品都是北欧设计的最好代表。北欧设计特色鲜明。

第一，强调功能性、简洁明确，重视产品的大众化和经济性。芬兰著名设计师阿尔瓦·阿尔托的家具设计就是一个很好的例子。阿尔托引入工业化生产方式为大众生产设计精良但成本低廉的家具。他利用新型胶合板生产出各种轻巧、舒适的座椅，将实用功能和形式美相结合，创造了经典的现代家具。

第二，人性化的设计理念强调设计中对于人的关注，特别是无障碍设计和人机工程学在设计中的运用，使设计作品具有更多的人情味和人文关怀。创建于20世纪60年代的瑞典“人机设计小组”（Ergonomic Design Groups，EDG）是一个专门从事残疾人用品及医疗器械研发的设计组织。EDG设计的大量针对特殊人群的优秀作品，使瑞典在国际设计界享有很高的声望。

北欧设计始终保持着朴素自然的风格，遵循以人为本、实用和富有美感的原则，将现代设计思想和传统文化有机结合在一起。这种设计理念在家具设计、工业产品设计中表现得尤为明显，代表设计师有瑞典设计师布鲁诺·马松、丹麦设计师保尔·汉宁森、芬兰设计师阿尔瓦·阿尔托等。

（三）美国的环境艺术设计

美国是当今世界的头号经济强国和超级大国，综合实力雄厚，制造业水平和设计水平高度发达。美国是一个移民国家，既没有悠久的历史，也没有严格意义上的单一民族传统。同时，高度发达的经济，巨大的国内、国际市场占有率，使得美国设计在世界设计中具有非常高的影响力，也拥有与其他国家设计发展的许多不同点。

第二次世界大战后，包豪斯理论进入美国，现代主义设计理念也在美国扎下了根。这种以功能主义为核心的现代主义又被称为“国际主义”。经济的发展，促成美国功能主义设计的迅速发展。美国的设计是各种各样设计思潮的综合体，各种设计理念在这里都能看到，并且具有话语权，但是没有任何一种风格能够独占美国。所以，美国的设计是多元的、折中的、有借鉴性的，这也就成为美国环境艺术设计的最大特点。

一个由移民组成的国家，文化本体即具有多元的特性，各种文化汇聚在一起，在这里碰撞、交流。美国设计界也认同设计风格的多元化，反对单一形式的垄断。可以说，世界上任何一种主要的设计风格和设计方式都能在美国找到自己的市场，美国人对各种各样的设计有着最大的宽容度。从建筑设计、产品设计到平面设计，都是多种风格并置，多元化存在。

美国环境艺术设计的第二个特点就是大众化。美国是一个高度民主化的国家，强调人人自由、平等，不主张特权阶层和贵族阶层。因此，在这一点上，美国设计师与法国设计师的观点可以说简直就是格格不入的。他们认为，在民主的美国，设计也应该是民主的、大众的，是人人都可以共享的，不是某些特权阶层的专利。这也导致了设计中的实用主义倾向。美国人的生活讲求方便、实用，不太在乎产品的样式和品位。因此美国产品虽具有方便、安全、实用的特点，却缺乏高品位、高水准的外形设计。在设计上，他们缺乏欧洲、日本同行的那种对于设计反复斟酌、反复推敲的精神。

讲求自由的美国人当然也具有自由的思想，与德国人的理性、英国人的古板、法国人的浪漫相比，美国人活泼、幽默、随和。反映到设计风格上，也就形成了美国环境艺术设计的第三个特点——设计风格轻松、幽默。这一点在平面设计中表现得尤为明显。

（四）德国的环境艺术设计

德国是现代设计艺术的发源地，在世界设计中占有举足轻重的地位。无论是学术理论，还是设计作品，都对当今的设计发展产生着巨大的影响。

德国人的理性精神举世公认，这种理性促使德国的设计师对产品的研发有着更加全面的认识和更加深入的探讨。优良的制作传统加上理性的设计观念，表现为设计上强调设计的逻辑关系和秩序。通过系统思维，赋予事物以秩序化，通过对客观事物相互关系的理解，在设计中将标准化生产与多样化的选择结合，以满足不同的需求。德国的工业企业一向以高质量的产品为世界所称道。这种良好的工业生产背景，更加提升了德国设计的水平与影响。

德国的企业与设计师不仅注重对产品外观视觉效果的开发与控制，同时更强调产品内在的质量与功能，将产品尽量做到完美。这些因素逐步形成了德国设计的基本面貌：高品质、理性化、功能化、冷漠。奔驰汽车、大众汽车、西门子电器、徕卡相机等一大批性能卓越、高品质的产品，代表了德国设计与制造的水平。代表设计师有哈特穆特·艾斯林格、科拉尼等。

20 世纪中期以来，一向以理性著称的德国设计也面临着不少的新问题和新挑战。虽然德国的产品一向以高品质著称，有着良好的功能性。但面对时代的变化，消费者的多元化、消费观念的改变等现实问题，德国设计师也不得不及时地调整设计的策略。例如德国青蛙设计公司就是一个追求新的设计理念的公司。1969 年，哈特穆特·艾斯林格在德国黑森州创立了自己的设计事务所。1982 年，他用青蛙作为自己公司的标志和名称。青蛙公司的设计既保留了德国设计的严谨、简练传统，又带有明显的后现代的新奇、艳丽、怪诞的风格。青蛙公司的设计哲学是“形式追随激情”，许多设计作品带有欢快、幽默的情调。其客户包括索尼、奥林巴斯和苹果电脑等著名公司。艾斯林格曾说过：“设计的目的是创造更为人性化的环境。”跨越技术与美学的局限，以文化、激情和实用性来定义产品是青蛙的设计原则。

德国深厚的设计理论基础和战后现代设计的迅速发展，从包豪斯学院到乌尔姆学院，从现代主义到后现代主义，为世界各国的设计做出了非常珍贵的理论贡献，同时也影响着整个欧洲乃至世界的设计潮流。

（五）法国的环境艺术设计

法国是世界闻名的艺术之都，具有悠久的艺术传统，拥有深厚的艺术底蕴。现代设计史上，法国也是新艺术的发源地。欧洲新艺术风格的设计作品也是在 1900 年的巴黎博览会上受到世人关注的。之后的“装饰艺术”运动，现代主义

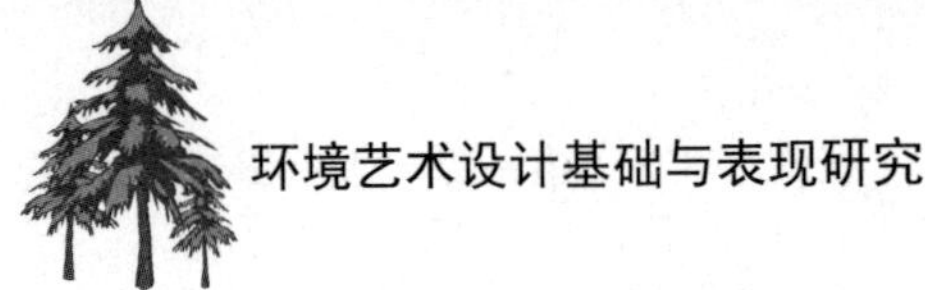

设计思潮无不与法国有着千丝万缕的联系。

但在设计上，法国设计却有着与其他欧洲国家不同的发展路径和理解方式。法国的现代设计是基于法国悠久的设计传统衍生而来的，带有浓烈的贵族气息。这个传统的核心内容认为：设计是为上流社会、富裕阶层人士所做的活动。设计的内容应该是豪华、奢侈的产品，是权贵的、高尚的，而不应该是大众的、民主的。所以，这种理念影响下的法国现代设计，呈现出明显的两极分化现象，特别是与普通老百姓日常生活密切相关的平面设计、工业产品设计的水平，在很长一段时间落后于其他欧洲国家。

与这一特点相对应的，是法国人特别倾向于通过宏大工程的建设来彰显本民族的伟大。许多优秀的设计集中在这样的大型工程或宏伟建筑中，如巴黎蓬皮杜国家艺术文化中心、卢浮宫改造项目等。

同时，法国人非常热爱自己的国家，对于本民族的历史文化有着相当高的认同感和荣誉感。这也导致了在设计上往往陶醉于自己喜欢的特色，同时对其他外来的风格流派产生排斥。

法国设计师基本尊崇法国传统的设计理念，比较重视奢华的设计项目和设计风格上的贵族气质，注重设计中表现自己个人的设计思想，在服装、珠宝、装饰品等奢侈品的设计上有较突出表现，代表设计师有罗杰·塔隆。

（六）意大利的环境艺术设计

意大利的艺术渊源和设计传统十分悠久。古罗马的辉煌、文艺复兴的影响，让意大利成为艺术的圣地。

相比较于其他国家，意大利的设计师确实有着更加丰富的想象力和对文化底蕴的更多追求。他们倾向于将设计看作一种文化与艺术现象。设计中体现出来的文化一致性，表现在几乎所有的意大利设计作品中。不论是服装设计、家具设计还是汽车设计，其根源都来自意大利悠久而丰富的艺术文化传统，是意大利民族性的生动体现，充满了文化品位和时代风格。“二战”以后是意大利设计迅速发展的时期。1951 年的“米兰三年展”在意大利现代设计史上占有重要地位。“艺术的生产”成为意大利设计师的设计理念，创造“意大利风格”的设计产品是他们共同的追求。20 世纪 50 年代的意大利设计受到现代艺术的影响，产品造型追求线条流畅，形体简洁，富有动感，如受到英国雕塑家亨利·摩尔作品影响的工业产品设计“米里拉”牌缝纫机。20 世纪 60 年代的反主流设计，80 年代“孟菲斯”的创建都是影响世界设计史的重要事件。

意大利的设计是创新与美的结合体，设计师的每一件作品都能反映出他们对传统文化、现代工艺、创新思维的独到理解。例如1988年索特萨斯设计的电话机，一改以往电器类产品的单一色调，大胆采用了红、黄、蓝等高纯度色彩。简洁的造型与多彩的运用，改变了以往一直停留在人们脑海中呆板的电子产品的印象，让消费者对这类产品有了全新的认识。

如今，意大利的家具、服装、电器、汽车等产品，作为创新与质量的象征而享誉世界。意大利代表设计师有吉奥·庞蒂、索特萨斯等。

二、环境艺术设计的流派

现代艺术设计发展到现在不过百余年的历史，但各种设计理论与设计流派层出不穷。从1851年在英国伦敦国际博览会上亮相的“水晶宫”设计开始，人们对设计、功能、形式等相关问题的认识逐渐深入。一个又一个新的设计理念、设计流派相继登场，对现代艺术设计的发展产生了深远的影响。

在谈到现代艺术设计运动的产生原因时，我们通常会认为这样的发展是伴随着工业革命的开始而发展起来的。我们进入大工业时代，伴随着工业设计的发展和设计理论的不断成熟，人们逐渐开始了对于实用、功能、形式、美感等一系列问题的探讨。的确，大工业的发展为我们设计水平的提升提供了原动力，技术的发展也为我们各种设计方案的实现提供了可能。

（一）现代主义风格流派

1. 抽象美学的诞生

工业革命的巨变，诞生了抽象美学。建筑在工业社会以前多沿袭了传统的建筑形式，等到了19世纪，建筑创作开始活跃起来，传统的建筑观和审美观由于无法与时代的要求相适应，严重制约了建筑的进一步发展。随着社会进步节奏的加快和对创新的追求，在很大程度上促进了建筑向现代化的迈进。

1851年，诞生了“第一个现代建筑”，它就是采用铁架构件和玻璃装配的伦敦国际博览会水晶宫。埃菲尔铁塔有328米之高，可以被称为工程史上的奇观，全部用铁构造而成，体现了现代美和工业美。抽象美学的形成始终离不开科技的进步和社会的发展，一开始它的开拓性就很明显。

2. 现代主义的几何抽象性

20世纪初，伴随着钢筋混凝土框架结构技术的出现、玻璃等新型材料的广泛应用，现代主义的风格应运而生。钢结构、玻璃盒子的摩天楼解放了人们原本的艺术想象力，以不可逆转的势头打破了地域和文化的限制，并造就了风靡

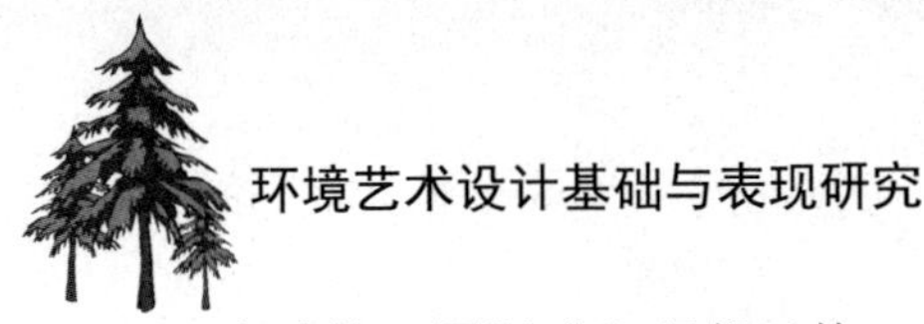

全球的“国际式”现代风格。

抽象艺术流派在这一时期异常活跃。抽象派艺术作品通过简单的线条或方块就能创造优美的绘画，这在很大程度上对建筑造成了直接影响。现代建筑的开拓者创办的包豪斯学校在教学中首次纳入理性的抽象美学训练。当时现代主义大师勒·柯布西耶在建筑造型中秉承塞尚的万物之象，以圆锥体、球体和立方体等简单几何体为基础，把对象抽象化、几何化。他要求人们建立由于工业发展而得到解放的基于“数字”秩序的美学观。1928 年，他设计的萨伏依别墅有效体现了新建筑的特点，在很大程度上直接影响了现代主义建筑风格的建立和宣传。

3. 晚期现代主义的建筑学

晚期现代主义的建筑学是个性与关系的探索。现代建筑对几何性和规则性的极端化妨碍了个性和情感的表现。都市千篇一律的钢筋混凝土森林与闪烁的玻璃幕墙使人感到厌倦和乏味，典型的“国际式风格”成为单调、冷漠的代名词，为了能够克服现代建筑的美学疲劳，20 世纪后半期的建筑逐渐发展为对个性的追求，从多角度和不同层次上突破了现代建筑规则的形体空间。晚期现代建筑造型由注重几何体的表现力转向强调个性要素。

（二）后现代主义风格流派

西方一些先锋建筑师早在 20 世纪 60 年代后期就主张建筑要有装饰，不必过于追求纯净，必须充分尊重环境的地域特色，以象征性、隐喻性的建筑符号取得与固有环境生态的文脉联系，这种对现代主义的反思有效促进了后现代主义建筑思潮的形成。在大力批判现代主义教条的过程中，后现代主义建筑师确立了自己的地位。

第五节　环境艺术设计的发展趋势

一、环境艺术设计专业教育方面的发展趋势

（一）环境艺术设计专业教育更加细化

环境艺术设计专业教育更加细化是专业不断快速发展产生的必然性结果，同时也是市场发展的客观要求。专业范围的扩大、内容的扩充，还有管理专业

与制度化等情况使设计行业的人员分工越来越细。为适应市场的需要，学校教育也势必做出相应的教学改革，培养越来越“精”的专业人才。

（二）环境艺术设计专业教育与市场相结合

在以往传统的教学模式中，课堂上的理论教学是主导教学方式，学生在逐渐消化吸收了专业理论知识以后，只有通过走上工作岗位，有了机会直接接触市场才能把理论转化为实践经验。这种教学方式经过实践证明只适合于部分学科专业，对于如环境艺术设计这一类应用性学科而言转化需要等待的时间过长，没有直观性，有很大的弊端。

经过一系列的教学改革，部分高校与培训机构正在尝试教学与实践相结合。在学生学习了一段时间的专业理论，有了基础之后，教师把自己的实践工程项目作为作业布置给学生，各种限定条件，如时间进度、价格预算等均按照实际情况来要求。这种“真题”能够使学生看到市场的实际情况，有很好的锻炼作用。

在接下来的努力中，教师希望能够安排一个相对固定的，较长的时间段来让学生自己体验市场。优点是不限制于一个项目，学生有很大的自主性，自己选择地点、单位参与自己感兴趣的项目，从前期沟通一直到后期服务跟进，体验完整的设计过程，充分了解市场。

走与市场相结合的道路是经过实践证明的，对于本专业而言最好的教学方式，是环境艺术设计专业教育方面的发展趋势。虽然中间需要解决的问题很多，必须通过很大的努力才可能实现，但它是符合专业发展规律的，是科学的。

（三）市场调控下的课程设置更加科学合理

课程的设置是一个专业教学的基础，它决定了学生在高校学习的有限时间之内可以了解与掌握的专业知识范围和程度等重要方面。这将影响到学生日后工作的情况，间接影响市场。以往的环境艺术设计课程设置，多半是各个高校根据自己的经验和环境条件等方面研究制定的，有的以美术课程贯穿专业学习的始终，课时多，内容着实不少；有的则强调学生的工科基础。这存在着很大的局限性，由不同的思维理念安排的课程情况差别极大，造成了学生的专业化程度也千差万别。

环境艺术设计的教育在未来的发展上会更加贴近市场。在具体工作中，专业人员需要掌握的工程技术程度、审美程度等各个方面，都势必直接作为第一

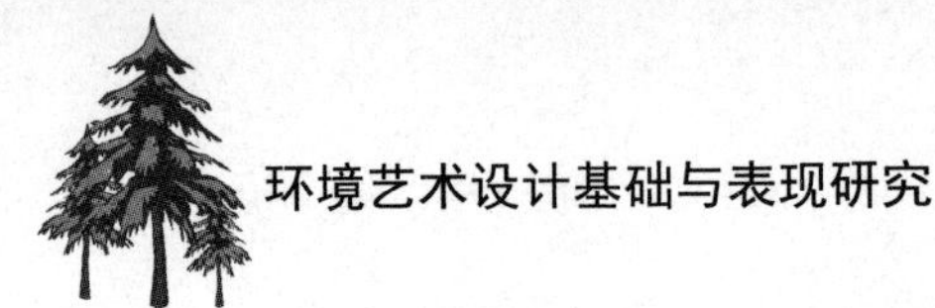

手信息传达给高校。学科专业通过市场的阶段性调控来灵活机动地设置课程，会是一个有利的发展趋势，不会死搬硬套和一成不变，符合科学的发展观。

（四）从学生自身特点出发的灵活性教学方式

在高校的专业课学习中，灵活的教学方式一直是教师所提倡，学生所期盼的。教师一个人从头讲到尾，学生安静聆听的方式由于其弊端较多早已被社会发展所淘汰。现今的教学改革鼓励教师在任何时候（课上和课下任何时间）都可以根据需要灵活地传授知识，或者教导与鼓励学生怎样去有效地自学。这已经取得了很大的成效，深受学生欢迎。随着专业细分和课程设置的调整，未来的教学方式势必会有更大的变化，要求更加重视每个学生的特点，张扬其个性，努力培养每个学生的专业学习优势等。这同样是专业教育发展的必然趋势。

二、环境艺术设计理论发展方面的发展趋势

理论发展层面对环境艺术设计的发展进步起着直接的决定性的作用。它的方向与发展趋势不是个人思考的结果，而是在经过了无数次讨论与研究，从理论到实践，再由实践返回到理论的不断反复纠正的过程中形成的，具有严谨性。

（一）多学科的广泛交流与合作

多学科的广泛交流与合作是相对于学科发展初期的单一性与封闭性而言的。环境艺术设计的学科维度很广，与其他各学科交叉的内容非常多，仅靠自身的发展免不了会把自己困在一个狭小的范围内。在强调信息资源共享与广泛传播的今天，只有广泛交流与合作才是发展的正确之路。在思想上重视其他相关学科的理论，关注其发展动向，吸收其最新的、科学的理论成果并运用到环境艺术设计中来。其中不排斥在这个过程中有讨论、探究，思想的激烈交锋甚至于否定。这符合科学的发展观，对学科的发展是极其有利的。

现今信息的快速共享与流通使环境艺术设计能够及时接触到最新、最前沿的发展理念，也可以及时从其他相关学科中吸取营养。例如圆满结束的2010年上海世博会，带给人们很多各国最新的研究成果和关于发展的信息。它的口号就是“城市让生活更美好”。从城市发展、规划的专业角度出发，世博会提倡的是城市设计的人性化，要求设计更贴近人的生活，使人们体验到在城市中生活的便利与快乐，包括大大小小全方位的内容。这种发展的思路对环境艺术

设计就是一个启发。再从世博会整体规划上看，分区的严格控制、各国场馆的分布与城市现阶段及未来发展的关系、整体交通路线的处理、各方向视线关系的控制、世博会整体区域设计与城市经济发展的联系等，都是从城市这个大的方面告诉环境艺术设计者如何在设计中体现良性发展的主题的。而环境艺术设计则具体到每个分区、每个广场内人与环境的关系、环境设施的设计等方面。在思想与发展层面，这是城市设计、城市规划与环境艺术设计的专业交流。与多学科进行广泛交流、学习与合作是环境艺术设计的发展趋势之一。

（二）生态文明与可持续发展的价值取向

生态文明倡导人的自觉和自律，生态文明反思了人类的物质文明，尤其是工业物质文明，认为人类不能仅追求物质生活的享受，还要追求更高的理想和富足的精神生活，以实现人类社会的全面发展。20 世纪七八十年代，随着全球范围各种环境问题的出现，环境保护运动大量涌现。在这种背景下，1972 年联合国在斯德哥尔摩召开首次“人类与环境会议”，讨论并通过了著名的《联合国人类环境会议宣言》。随着人们对环境问题认识的不断加深，可持续发展的思想逐渐形成。1983 年可持续发展作为一类发展模式被正式地提出。

近年来日益严重的生态问题、环境问题、能源问题和气候问题等全球性问题已使人类认识到人类并不能征服自然，人类只是全球生态系统中的重要组成部分。人类享受自然的恩赐，参与自然最微妙的各项循环，同时人类活动也对自然有着反作用（包括促进发展的与阻碍发展的双方面）。人与自然不存在控制与被控制的关系，人类与自然是相互依赖的关系。人类的发展既要满足社会需求又要满足自然环境的需求，同时要考虑到人类未来的发展。因此，要在发展的过程中坚持可持续发展的生态文明观。

有了生态文明与可持续发展思想的指导，在行动上，设计工作者首先应该以身作则，用实践设计为生态文明建设做出贡献，抵制破坏环境的各种不良设计行为。用设计成果引导人们共同参与生态文明环境的建设。比如用人工湿地景观的设计向人们宣传这一生态系统组成部分的重要性，认识“地球之肾”的各类功能，从而培养人们的环保意识，进一步带动公众参与到生态环境的建设中来。生态文明与可持续发展作为一种思想发展趋势，正在以奋进的脚步奔跑在社会发展的大道之上。

（三）由专业细分带来的高、精、深入的理论发展

在发展初期，环境艺术设计的专业划分情况并不十分明晰，具有很大的局限性，不够全面。各种理论探索也都处于初级阶段，都是从基本方面，从大的方向上进行简要概括与研究：对于基本概念的争论；对于设计内容的探讨；对于简单施工工艺的反复摸索研究等。今天的环境艺术设计，相较以往的显著特点之一就是专业划分更明确，专业人员的工作更细化，这种趋势还将进一步发展并且成为未来一项重要的发展趋势。专业细化可以使人们更多地关注较小的范围，由此带来理论发展新的境遇。高是有一定高度，不再只是停留在基本层面；精是精细、严谨。相信只要在专业细分的条件下，人们的力量会更加集聚。发展高、精、深入的理论已经成为环境艺术设计的发展趋势之一。

三、环境艺术设计实践设计方面的发展趋势

环境艺术设计是一门应用性学科，它在实践设计方面的发展趋势一方面由思想层面起着决定性作用，另一方面又受到市场发展的深刻影响。实践设计方面的发展趋势有以下几点。

（一）设计管理的专业及制度化

环境艺术设计的规范性发展决定了设计管理的专业及制度化趋势。俗话说“无规矩不成方圆”。随着环境艺术设计范围的扩大、内容的增多、人员组成的多样、工作流程的复杂等，拥有一个严格的、制度化的管理体系已成为必然。现今，设计管理已经作为一门专业在各大高校开课，有了自己的专业工作者与研究人员。市场中，已经有了专业设计管理机构，起着调控与监督作用，在以后的发展中，也会使各类合理要求形成明确的规范条例甚至法律法规。各环境艺术设计单位也根据需要拥有并完善自身的一套设计要求。这种趋势说明，设计管理的专业及制度化已成为设计行业发展的必然。

（二）环境艺术设计实践范围扩大

20 世纪末的环境艺术设计，设计范围一直局限于室内设计与室外景观设计中，其中室内设计占据着环境艺术设计范围的大部分。随着学科的不断发展，它的设计范围越来越大，越来越贴近“环境艺术设计”的概念。从理论上讲，一切关于人与环境关系的良性创造，以及人类生存环境的美的创造等相关问题，都在环境艺术设计的研究范围之内；实践设计中，设计范围也跳出了“室内”与“室外”的单一局限。在各环境艺术设计公司与研究单位承接的项目中，可

以看到大到某地自然环境的保护与合理开发、某城市历史文化区的环境改造设计，小到某城市社区居民交流空间的营造、某滨水空间亲水平台的细部尺度调整等。当然也有公共与家庭室内空间环境设计和户外景观设计的内容。随着专业设计范围的扩大，委托者、设计者、使用者对于细节的追求，要求设计人员掌握的知识也越来越多，技术要求越来越熟练，从另一个方面又推进了专业的发展。

（三）地域特色与时代特点的强调

曾经设计“国际化”的流行在一时之间使人们看到了无论何地何时期的设计都近乎相同的面孔，从而失去了设计的个性。现今的环境艺术设计，已经将尊重民族、地域文化作为其基本原则之一。各地具有地域特色与时代特点的优秀设计作品层出不穷，形成了百家争鸣、百花齐放的设计新局面，增强了设计的活力。从大的方面来讲，一个阶段内国家大型设计活动旨在“为中国而设计”，其中的上海金茂大厦、苏州博物馆新馆、首都机场T3航站楼无一不具有强烈的地域与时代特点；从小的方面来讲，一个具有地域特点的雕塑作品，也可以成为城市的标志与象征。对地域特色与时代特点的强调符合设计的发展规律，它仍然是未来环境艺术设计的发展趋势。

（四）多工种多专业的设计团队模式

多工种多专业的设计团队模式是环境艺术设计单位工作模式发展的一个趋势，由专业和社会发展的多方面特点所决定。一方面，专业的广度和深度不断拓展，决定了一个设计项目不可能仅仅依靠个人独立完成，需要一个合作的团队共同努力完成；另一方面，社会的快速发展已显示出了多工种多专业的设计团体模式的优越性。它可以在有限的时间内，最大效率地综合利用团队的各种人力物力资源，快速高效地完成任务。设计团体可以是有着长期合作经验的，相对固定的团队，设计人员彼此之间比较熟悉，有着很好的默契；也可以是根据具体项目需要，临时组建的团队，优点是非常灵活，可以按需选择并组织人员，保证了每人的工作效率。工种可以包括水工、电工、木工、泥工等；各专业人员可以是和环境艺术设计相关的各类专业工作者，如城市规划师、建筑师、平面设计人员、家具设计师，甚至可以是物理学者、地质研究工作者或是其他人员。

（五）设计材料与技术紧跟科技发展步伐

一门学科专业如要与时代共进步，就势必紧跟科技发展的脚步。在以往信

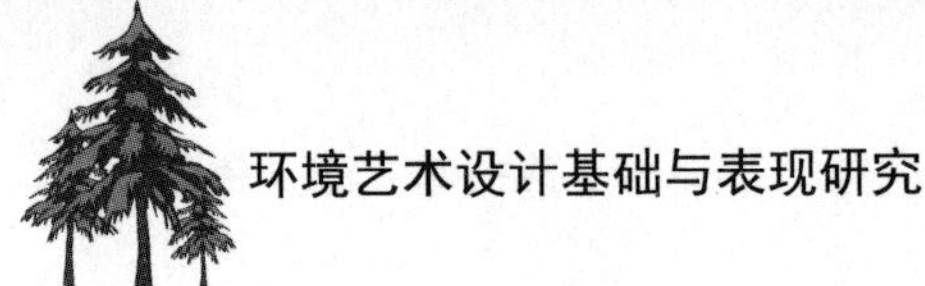

息交流十分受限的年代，设计者在设计一件作品时，所选用的材料绝大多数都是在平时设计中经常使用的，具有很大的局限性；所采用的技术往往也都是通过其学习与个人工作经验总结后成功的、方便的技术措施，具有单一性与习惯性的特点。在现代信息社会，材料的发展日新月异，技术水平的进步速度也是之前任何时候都难以企及的。生态与可持续发展的大趋势使新材料越发节能与环保，如奥运场馆水立方的主要材料乙烯－四氟乙烯共聚物（ETFE）膜材料具有自洁、轻巧、高阻燃性、坚韧、高透光性等优良性能；新技术的发展也以节约人力，施工方便，使用期限长为主要方向。这些新的发展都与科技的进步密不可分。

（六）细节与后期服务体现出的人性关怀

在设计越来越专业化的今天，任何设计公司或团队想要取得瞩目的成绩并不容易，仅靠好的方案与说服力也不能够轻而易举打动客户。相反，在前期起着决定作用的客户会经过多方比较、反复比对，最终做出选择。这是市场发展的必然结果。在带给设计者或单位巨大压力的同时，对设计的良性发展起着很好的推动作用。为了在市场竞争中取胜，设计者必然会下苦功提高设计品质，并改良技术，使自己不断适应市场环境。他们把目光投向了关乎设计品质的细节与后期服务中。

一个优秀的设计，就算拥有好的方案也不足以打动人，它最终要呈现在人们眼前。在整体作品令人满意之后，人们往往会把关注点集中在局部，集中于设计的细节之中。一个整体设计受人欢迎的儿童房，拥有令人喜悦的色彩配置效果与家具设计，却因为一个被忽视了的家具转角（有可能因其锐利或位置不好对儿童造成伤害）而被放弃，这无疑是令人沮丧的。有人说“细节体现品质”，其实人们注意到的是细节体现出的人性关怀。一个拥有良好使用性能的家具，较好的采光通风条件的小庭院会使使用者感觉在空间环境中受到了重视，身心愉悦。这就是细节与人性关怀的魅力。随着设计进一步发展，对细节的要求会越来越高。

环境艺术设计体系与管理制度化的建立与发展，还要求跟进后期服务，并在日后的发展中，重点强调对这一阶段的关注。后期服务，是在设计任务完成之后，作品进入市场并且已经投入使用，为完善设计成果，使设计的价值得以最大程度的体现，所进行的一项跟进式服务。它所体现出的仍然是人性关怀。一些设计成品在投入使用后可能产生某种具体问题，如由于使用者所在地理区域环境不同，使用方式存在较大差异，造成设计成品使用性能的差别。后期服务一方面可以为使用者提供便利，另一方面对于设计者而言可以通过观察和解决各种问题来改善设计，提升作品的质量。

另外需要说明的是，人性关怀的对象包括所有的使用者，在设计中要特别考虑老年人、儿童和残疾人的生理和心理方面的特殊需求，在设计中体现出对他们的关怀。

第二章　环境艺术设计的基本原理

环境一般是指我们居住和工作时的物质环境，并且在艺术想象上也给予人精神的感受。我们所熟悉的音乐，表现形象的方式主要是通过旋律和音阶；绘画则是通过线条和颜色；而环境艺术则具有自身的特性，它是在空间和材料中生成的。本章分为环境艺术设计的美学规律、环境艺术设计的基本原理、环境艺术设计的基本原则三部分，主要内容包括环境艺术设计的美学规律及基本原则、环境符号的分类及构成形态等方面。

第一节　环境艺术设计的美学规律

一、统一与多样

对于造型语言而言，其基本法则就是统一和多样，基于这两点形式才可以造就完美造型。统一指的就是在环境艺术设计中所构成的协调关系，即通过色彩、造型、形状和肌理等方面；多样则是说明在环境艺术设计中，类似同一线性的粗细、长短和疏密变化等造型元素的差异性。

所有的造型艺术都是由既联系又区别的好几部分组成的，只有按照一定规律将部分合成一个整体，才会体现出其艺术的感染力。统一与多样是彼此对立和依存的，存在着辩证关系，缺少任何一方都会显得单调，会出现杂乱无章的效果，也就无法构成美。因此，环境艺术设计想要符合形式美的法则，就一定要创造出统一和多样的形式。在设计实践中，要努力处理好主从、局部和整体等方面的关系。

二、均衡与稳定

对于重力，古代的人们是非常崇拜的，并且在和它的斗争中逐渐形成了一套审美观念，这一观念则与重力有关，具体来讲，就是均衡与稳定。对于均衡与稳定而言，二者既相互联系又相互区别。建筑构图中各要素的左右、前后之间相对轻重关系的处理就是均衡所涉及的主要内容，而建筑物整体上下之间的轻重关系则是稳定所涉及的主要内容。所有的物体都处于地球的引力场内，都无法摆脱重力的作用和影响，可以说，人类的建筑活动就是与重力抗争所得到的成果。古代埃及的金字塔、罗马的科洛西姆大斗兽场那样的多层建筑以及中世纪极其轻巧的高直式教堂建筑等，都是对重力的探索案例。

同时，人们在认识自然现象中明白了，生活中的所有事物都需要做到这两点，且在达到这一标准的过程中还要具备一定条件。例如，可以像人一样身体是左右对称的，或是像树一样下部粗而上部细等。并且，人们也在实践造型的过程中发现了均衡和稳定的基本规律，这一原则的造型在实践中不仅体现了人的舒适感，也证明了构造的安全性，于是人们在进行环境和建筑设计时，要始终保证均衡和稳定的原则。

我们对均衡进行划分，可将其分为两类，分别是静态均衡和动态均衡。

对于静态均衡而言，主要有两种表现形式，分别是对称与不对称。一般来说，均衡的就是对称的，其具备统一性且是完整的。均衡的对称式常常会有稳定的平衡状态，其重点一般都会存在于轴线。在很早以前，人们就会将这种形式在环境和建筑设计中加以使用，无论过去还是现在，都有许许多多的著名建筑会用对称来获得均衡与稳定，以及工整严谨的环境氛围。

此外，生活中还有许多依靠运动维持相对平衡的现象，比如说旋转着的陀螺。对于这种形式的均衡，运动的终止就意味着平衡条件的消失，所以人们将其称为动态均衡。在近现代，建筑师在处理形式问题时通常会采用动态均衡的手法，这一点和西方古典建筑的设计思想大不相同。

三、韵律与节奏

韵律和节奏本来是在音乐中常用的术语，后来才在造型艺术中表现美，其特性有连续性、重复性和条理性等，也可以说它就是一种秩序，自然界中这种有序的形态到处都能见到，如大海中的层层波涛和远山的绵延起伏等。相同或相近形态间有排列规则的变化关系是韵律的表现形式，就如同音乐中的乐章，有着明显的节奏感和韵律美。

按照形式特点，韵律美可分成不同的类型，具体如下。①连续的韵律：关系恒定的各个要素以连续、重复的方式排列起来就形成了这一韵律。②渐变韵律：在某方面，要素变化是按照一定的秩序进行的，且这些要素是连续的。③起伏韵律：按照一定的规律，渐变在量上或增或减，具有不规则的节奏感。④交错韵律：按照一定的规律，各组成部分相互穿插，而各要素相互制约，呈现出一种组织的变化。上面所说的几种韵律都表现出节奏的相关特点，即有明显的条理性、重复性和连续性。韵律美在环境艺术设计中运用得极为广泛、普遍。

可以说，节奏与韵律就是设计的灵魂。节奏是一种艺术表现形式，它具有条理性、重复性和连续性的特征。对于节奏而言，韵律则是一种提高和升华，属于有组织、有规律的变化。正如梁思成先生在分析建筑中柱窗的排列所体现的节奏时说的："一柱，一窗地排列过去，就像'柱，窗；柱，窗；柱，窗……'的2/4的拍子，若是一柱二窗的排列法，就有点像'柱，窗，窗；柱，窗，窗……'的圆舞曲。"又如日本美秀博物馆屋顶的设计，就是利用规律排列的仿木色铝合金格栅结构和迷离的光影效果形成了其所特有的节奏感和韵律感。

重复以时间和空间为基础的环境艺术构成要素，是韵律的设计原则。这样的重复不仅在视觉上体现出整体感，还能引导观察者的视觉和心理韵律，将其引到同一构图中，或者是在同一个空间中按照同一条行进路径做出连续的反应，且这种反应是有节奏的。韵律在环境艺术中可以体现在室内细部处理和立面的构图、装饰中，并且可以通过元素渐变与重复等形式加以体现；此外，还能在空间序列中通过空间的纵横、宽窄、高低和大小等变化体现出来。

让人满意的开放韵律一定结束在尽端。有韵律关系的形式无论在空间中还是在点、线、面哪个方面有重复，都会造成一定的方向感和运动感，人们则会在这些暗示下穿行于空间之中。因此，作为开放式的韵律，结尾是必不可少的，且还应是一个非常重要的高潮，用来表明之前所做的准备都是必要的。

建筑环境中体现韵律美的方式非常广泛，从古至今，无论东方还是西方都存在着充满节奏感和韵律美的建筑，也正是因为这样，人们常常将建筑称为"凝固的音乐"。

四、对比与类似

类似的意思是在要素间应有相同类型的因素，而对比意味着造型因素在互相衬托中存在差异因素，两者对于形式美来说都是不可或缺的。类似可以为了和谐而让彼此间存在共同性，对比则可以通过双方的烘托体现其不同特点。人们感到单调往往是因为没有对比，而将对比进行过分强调则会丧失相互间的协调，结果就是彼此孤立，因此正确的做法应该是巧妙地将两者进行结合，实现有变化但又和谐的一致。在设计环境艺术时，不管单个或群体、局部或整体，在外部还是内部，其形式要想完美统一就要运用到对比与类似的手法。

以博物馆的室内设计为例进行说明，即对于博物馆的展示设计而言，它属于从内容到形式的系统工程，必须要以统一为前提，只有这样，才能实现信息的有序传达。同时对于艺术设计而言，对比变化是一种提高和升华。通过对比，不仅可以调动视觉的兴奋，使展示内容的主体得到衬托和强化，而且可以推动展示的个性与多样性进一步增强。所以说在展示设计中，设计者应该做到整体风格统一，局部形成对比，造型刚柔并济、方圆并举，装饰疏密相间、有繁有简。但是，过多的对比极易造成设计的杂乱无章、主体不明确，所以展示设计中还得注意“统一问题”，即在统一中求变化，在变化中求统一。设计中的统一可以从两个方面进行深入思考。①色调的统一。在博物馆展示空间的色彩运用上首先要重视统一色系的使用，使色调保持一致，让人清晰地看出空间的主色调。此外还要考虑到展品的固有色，使得展品和展示空间的色彩形成对比，这样能更好地突出展品和展示空间。色彩心理学中，暖色调有迫近感或前进感，使人感到墙面展示面往前提，冷色调有后退感，使空间扩大，有距离感。②符号的统一。对于信息传播活动而言，符号是一切活动的原材料，发挥着不可替代的作用。在负载和传播信息的过程中，符号起到代码的作用，属于传播链条的重要环节之一。在不间断的社会实践中，人们创造出了独一无二的符号系统，以此来满足交流和传播的需求。因此，在艺术设计中，必须要重视符号的运用与统一。

五、比例与尺度

对于比例而言，其中包含着比率、比较的意思，而在环境艺术的设计中指的是部分和整体之间有着体量和尺度等数量关系。古希腊时期就有人发现了黄金分割率，它被公认为是最佳的比例关系。黄金比是说将一个线段分成一段长和一段短，要求长与短的比例同整段长度和较长部分的比例一样，如果在造型中应用到这种长短的比例关系，就能称其为美的形式。环境艺术所设计形象的很多方面都需要我们运用理性的思维做出合理的安排，如空间分割的关系、所占面积的大小和色彩的面积比例等。

人与他物间形成的大小关系就是指尺度，其中形成设计的尺度原理和大小感同比例也有一定的关系。在环境艺术中，所有的设计内容都会涉及尺度，与其他艺术形式相比，这是其较为突出的语言特征，而比例与和谐就是尺度在形式上的美学表现。在建筑的创作上，对于建筑的体量比例关系要反复地推敲和确认；在园林设计中，对于空间尺度所带来的心理和行为上的效应要认真地思考和研究。设计师在数、量和谐上的调度能力往往可以通过其对尺度的把握反映出来。

比例与尺度是有共通点的，即两者都是用来处理物件相对尺寸的。而它们的不同点就是，尺度是指相对于公认常量和已知标准的物体的大小，比例则是指在组合构图中各部分间的关系。可以说，在对比例和尺度的研究中，人们付出了积极的努力。比如在研究世界比例原理的过程中，毕达哥拉斯学派提出了著名的“黄金分割”学说。

好的环境艺术需要好的、合适的尺度，有着不同用途空间的不同环境决定了多样的尺度关系类型，每个空间环境的效果都要按照其不同的使用功能获得，并且还要确立好自己的尺度。而环境艺术想要具备尺度感，就需要在设计中引入一个标准单位作为参照，只有这样才能产生尺度感。其实对于环境艺术而言，人才是其真正的尺度，也就是所谓的“人体尺度”。通过这样的尺度，能让人感受环境艺术的整体尺寸究竟是高大雄伟还是亲切宜人的。

六、质感和肌理

一般认为质感是肌理的同义词，每个人对于不同的材料质地有着不同的感受，这种感受可被称为质感。材料在手中的软硬程度、加工时的难易，以及光感的鲜艳与晦暗等，这些特点都能将人们的知觉活动调动起来。因此可以得出，环境艺术设计过程的一个重要环节，就是应该对各种材料的加工、形态和物理特征等有正确的认识与选择。

此外，我们对肌理进行划分，可将其分为两类，分别是视觉肌理和触觉肌理。视觉肌理指的是一种肌理效果，它是因物体表面的色泽和花纹不同而形成的，视觉肌理也称平面肌理，如不同纹路的墙纸；触觉肌理指的也是一种肌理效果，但是它是因物体表面光滑和粗糙、软硬、粗细等状态不同而形成的，这一肌理也被称为立体肌理。对视觉肌理的分辨需要依靠眼睛，而对触觉肌理的分辨则需要用手去触摸感受。但是，通常情况下，人们在环境艺术中不会用手去分辨

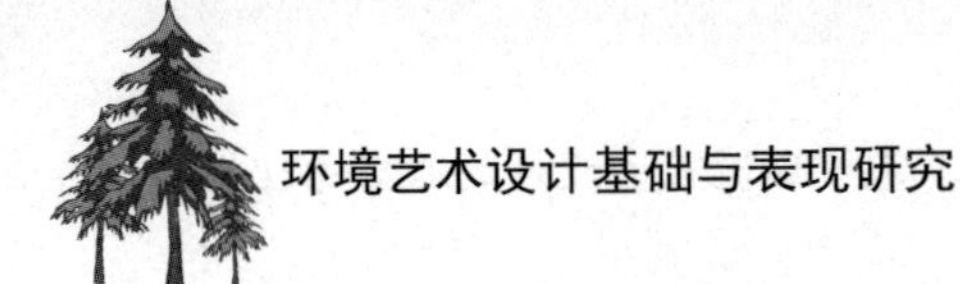

肌理状态，而更多的是通过视觉感受来获取肌理感觉。由于人们在日常生活中积累了经验，用眼同样可以感觉到触觉肌理，所以，触觉肌理与视觉肌理之间在艺术效果上不存在严格的界限。

在环境艺术中，肌理有两方面的含义。其一指的就是环境各要素的构成中形成的图案效果，它们往往协调统一且富有旋律。这种肌理的形成可以受很多因素影响，如植物等自然要素、一些材料或是建筑物本身，室内环境内外部的细节设计中，最不能缺少的就是追求一种或几种材料肌理的变化。它不仅可以在变化中表现出情趣，还能体现其和谐、统一的形式，并且还能在对比其他环境中，通过肌理的对比和反差，给视觉以冲击力，成为空间的重点与中心。同时，肌理的规律性变化还能将形式变得有律动和节奏感，从而为环境空间营造丰富的氛围，并给予人的心理以不同感受。

其二指的就是材料在人工制造中产生的工艺肌理与自身的自然纹理相比，可以使质感的美在很大程度上有所提升。在对肌理的理解上，我们可以将“肌”当作原始材料的质地，将“理”当作纹理起伏的编排。就像是一张白纸，经过折叠形态也会有所差别；花岗石经过打磨形成镜面，虽然材质未变，但是肌理形态却有所改观。因此我们可以看出，对于“肌”和“理”而言，前者是对问题的一种选择方式，而后者是设计出更多的可能，所以我们今后在对环境艺术的设计中，应当更注重对纹理的设计。

第二节 环境艺术设计的基本原理

一、环境符号与语言

在当今社会科学研究中，符号学是其中的一个重要领域，在各人文学科中被广泛应用，并且对这些学科的研究方法产生了极大的影响。“符号学”既指专门的人类符号活动，也指一般符号科学。符号活动就是某物充当符号的过程，符号与符号活动不可分离。要使某物成为符号，必须有其他某物在场。这第二件事物叫作解释项。解释项本身就是符号，因而和另一解释项相联系，依此类推，从而形成一个开放的、无限的解释项链。这一切都意味着：对于每一个符号来说都是一个符号活动；每一个符号都是其符号活动的一部分，无法从中分离。这类似于细胞与细胞所形成的细胞组织之间的关系。而每个符号活动又和其他符号活动相联系。所有符号连接在一起，形成一根无限的链。对符号来说，符号活动形成了一种网络。正如符号是符号活动的一部分，符号活动也是符号网络的一部分。

建筑环境艺术设计领域的相关的设计师不断研究和运用符号学，并且致力于对环境形式产生和演变的规律进行深入的思考和研究，探索环境形式与意义层面的关系，为环境艺术设计提供创新方法和理论依据。近年来，后现代主义建筑风格质疑“现代”的设计观念，同时还出现了大众“寻根”意识逐渐回归和越来越多的人开始关注环境“场所意义”的现象，在这样的背景下，针对建筑环境艺术设计进行相应的符号学方法研究就显得更具现实意义了。

（一）符号现象和规律的探索

何谓符号？每一个物质对象，当它在交际过程中，达到了传达关于客观世界或交际过程的任何一方的感情的、美感的、意志的等内在体验目的时，它就成为一个符号。简言之，所有能够以形象表达思想和概念的物质实在都是符号。

很早的时候，人类就已经注意到了符号现象。亚里士多德曾经说过“语言即观念的符号”，这句话充分说明了一个问题，即对于人的思维和语言而言，符号是不可或缺的。据此，德国哲学家卡西尔认为人区别于动物的标志就是符号。我国的圣贤庄子也曾经提出语言符号是由两部分组成的，它们分别是言和意。这里所说的“言”指的就是语音，而“意”指的就是语言所涉及的内容。在西方国家，有很多符号学方面的研究，这方面的学者也有很多，其中比较典型的代表有语言符号学(索绪尔、叶尔姆斯列夫)；语言—人类—文化符号学(雅各布森、洛特曼)；心理符号学（弗洛伊德、布勒、维果茨基）；哲学符号学（皮尔斯、维尔比、奥格登、理查兹、维特根斯坦、莫里斯、卡西尔）；文学批评符号学（巴赫金）；生物符号学（克斯库尔、莫诺）；数学—拓扑学符号学（托姆）。其中最具代表性的研究学者就是美国逻辑学家皮尔斯，他认为如果有一个东西可以用来指称或表示另一事物，那么这个东西就是所谓的符号，对于所有的符号系统而言，都有三个构成因素，分别是媒体、符号所表征的对象以及解释。上述的三个构成因素涉及不同方面的意识活动，推动完整的思维和心理的形成。在符号构成体中，有相互联系的三个方面，分别是人的感觉与媒介的特性、人的经验与对象关联物、人的思维活动与解释。从符号与对象的关系角度进行考虑，符号分为三类，分别是图像性符号、指示性符号和象征性符号。对于这三种符号而言，存在着一种逐渐深化的逻辑关系，即前者向后者逐渐递进，越是后者，与指涉对象的联系越间接，而其观念性和符号性也越强。

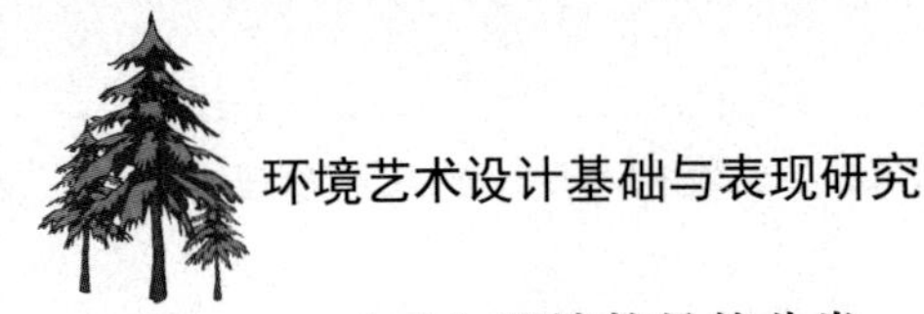

（二）环境符号的分类

根据上述内容，在建筑环境艺术设计中，符号系统可分为三类。

1. 图像性设计符号

作为一种直觉性符号，它的构成往往需要借助于模拟对象造型。例如，中国古建筑装饰中具象的“云龙”纹饰。这种符号或其复合体在日常生活中有很多，包括具象的门式和窗式以及壁画、雕塑等，它们通常是通过模拟现实环境中的一些具体事物或者描写其造型而构成的，可以给人留下深刻的印象，但是一般会缺乏相应的深刻含义。

对于图像性设计符号而言，它所呈现的形态主要有两种，分别是标志形态和本体形态。前一形态的符号具有与图像相似的同构关系，而后一形态的符号则具有一定的复杂性，往往有双重的语义。举一个较为典型的例子，苏州园林中的漏花窗，其整体造型为梅花状，这就使得它同时具有窗和梅花的形象，因此该符号具有叠加的双重语义。

2. 指示性设计符号

与指涉对象具有内在的因果关系。例如，门的形象成为一种指示，即入口的指示，意味着人可以由此完成出入活动的功能意义；楼梯的形象也构成了一定的指示性，意味着上下空间由此相互联系。事实上，在现代建筑环境设计中，有很多的构件造型和空间形象都是这种指示性符号以及它的复合体。

3. 象征性设计符号

象征性设计符号通常是借助人为的约定俗成的关系所构成的，它与其指称的对象间并没有必然的联系。其中比较典型的例子就是古代建筑中以龙象征王权的设计形式。另外，约恩·伍重设计的悉尼歌剧院，被寄予了象征本国国民进取精神的希望，建设完成后，它那类似于疾驰帆船的壳体屋面就作为象征性符号成功地表达了这一意义。

（三）环境符号的构成形态

在实际的设计应用中，这些符号往往不会以单的一形态出现，而是更多地呈现出一种复合性和交叉性。

通常情况下，复合形态的构成分为四种，具体如下。

①指示性与图像性符号复合，构成本体形态的图像性符号。

②指示性与象征性符号复合，构成本体形态的、抽象的象征性符号。

③图像性与象征性符号复合，构成标志形态的、具象的象征性符号。

④指示性、图像性与象征性符号三者复合，构成本体形态的、具象的象征性符号。

一般来讲，交叉形态的构成也分为四种，具体如下。

①表里结合。以带浮雕面饰的梁坊为例，对于梁坊而言，其自身就是一种指示性符号。

②局部结合。对于大多数的装饰和结构物件而言，其自身就是一种指示性符号，但是它们之中的某些部分则是另外两类设计符号，比较典型的例子有古罗马柱式上带具象装饰纹样的柱头。

③整体融合。就一些门窗而言，其本身就形成了指示性与图像性或象征性的复合，如梅花窗、汉瓶门等。

④群体组合。群体组合，即在建筑环境空间组合层次中，有一些建筑是以指示性符号为主导的，而有一些雕塑或小品建筑是以图像性、象征性为主导的，对此，可以在这些建筑内插入上述的雕塑或小品建筑，这样就形成了群体组合。例如，在贝聿铭的香山饭店内，对中庭进行这类的设计，最终形成了多层次、多形态的复合、交叉，构成了多个符号的组合以及丰富多彩的审美语义。

（四）环境符号的设计应用

环境艺术设计中，应用建筑符号学的过程其实就是一种转化过程，具体来讲，就是由环境功能向建筑造型形式转化。在此过程中，建筑造型形式成为一种载体，主要用于传递相关信息，从某种意义上讲，也就是所谓的建筑设计中的形式符号。建筑环境蕴含的各种意义可以通过它传达给人们。在这种情况下，信息的发送者就是建筑环境设计师，而信息的接收者则是用户，要想同时实现接收者获取信息和发送者理解信息，就要保证二者同时拥有一定量的符号储备，且这些符号要接近一致，只有这样才能实现设计与鉴赏间的审美共鸣。

对于建筑环境艺术设计符号而言，在与其相关的语义表达和审美意境的塑造中，我们一定要掌握相应的应用手法，具体如下。

①要把握好“两个协调”，具体来讲，就是室内外的功能尺度与空间尺度的协调和功能序列与观赏序列的协调。

②促使本体形态的主干作用充分发挥出来，最大限度地运用作为设计符号载体的建筑装饰构件，使得纯正的“建筑语言”凸显出来。

③为了表达语义和结构形式美，可以运用相应的构件，而在此过程中，要充分考虑到内在的结构逻辑，避免出现构件技术语义的歪曲和掩盖，使得力学

法则清晰地呈现出来。

④要合理且恰当地使用具象的图像性符号，同时注意符号与环境整体的融合，避免滥用，尽量起到画龙点睛的作用，体现其应有的价值。

⑤为了实现民风民俗、哲理文脉等方面的表达，往往要使用一些象征性设计符号，而在此过程中，要注意严格规制，可以使用以抽象象征为主的设计手段，这样不仅可以增添一些浪漫韵味，而且可以避免过于烦琐和复古。

总而言之，在构成和创新设计符号的过程中，有几个重要的特性需要格外注意，具体如下。

一是多元性。在建筑环境中，通常需要使用多种多样的设计符号，其中包括功能性、指示性、象征性以及直觉性的符号，通过合理地使用这些符号，可以推动环境意境变得更加丰富多彩。

二是重复性。在建筑环境上，符号能够以不同的方式和尺度进行重复的使用，以此来推动信息传达的主题进一步加强，这与音乐作品中反复出现的主旋律会给人留下深刻的印象是一样的。

三是重构性。通过易位、材料重构等手法，符号可以打破建筑室内的立方体空间，并在此基础上实现新的秩序和组合的建立。

四是变形性。对于传统的建筑符号，要以一定的方式进行处理，包括恰当地变形或抽象化等，由此推动一种更新的联想境界的形成。

五是隐喻性。合理地使用抽象的象征手法，使得相应的环境场所更富有哲理且具有与众不同的“意味”。

对于环境艺术设计而言，符号学提供了多方面的启示，包括新的设计方法和思考方式，但作为新的研究领域，它还需我们去更加深入地发掘和实践，进而突破建筑语言层面的障碍。

二、环境与完形心理学

初创于德国的完形心理学在当代心理研究中占据着重要地位，属于一个非常重要的流派。这一学派的主要研究对象是人的心理和生理活动，其理论基础则是人对图形的视知觉理论，因此这一学说与艺术创作密切相关。据此可以知道，完形心理学对于建筑环境艺术设计而言具有一定的借鉴意义，具体来说主要有以下几方面。

（一）环境建筑主体与背景的关系

对于主体与背景这一视知觉现象，丹麦学者埃德加·鲁宾在早期运用“杯图”进行了相应的说明。后来，在此基础上，完形心理学家总结出了相应的规律，即主体与背景关系的一般规律，其主要内容为：主体表现较明确，相比之下，背景就显得较弱；与背景相比主体较小的情况下，主体总是会被感知为一个单独的实体且与背景相互分离；在二者相互围合且形状相似的情况下，二者是可以互换的。

在环境室内设计中，作为主体的要素会在整个构图中占据支配地位，因此要特别重视主体的设计，只有这样才能形成积极的视觉效果。另外，为了构成“良好完形”的主体，需要注意以下几点：①整体性强的形态易构成主体；②封闭形态比开放的形态易成为主体；③水平和垂直形态比斜向形态更易成为主体；④对称形态易成为主体；⑤简洁的几何形态易形成主体。

（二）群化原则

在完形心理学中，所谓的群化原则就是指多个视点中的类似的个体容易被感知为一个整体的规律。只有准确地把握这一原则的应用方法，才可以有效地协调好不同条件下的建筑环境。

在建筑设计中，以这种原则作为创作手法时，我们可以将这一原则分为以下几种：①造型类似的群化；②质感类似的群化；③大小类似的群化；④尺度或色彩类似的群化；⑤动感类似的群化；⑥空间方向类似的群化。

（三）环境设计中的“场”作用力

有些学者认为，物理、生理以及心理现象都可以保持力关系的整体，与之相关的有物理力、生理力和心理力三种，而这些力通常发生于同一场所，所以将其称为“场”作用力。经过进一步研究证实，在对不同的形式进行感知时，人会受到物理力的影响和诱导，从而产生不同的心理体验，随后这方面的研究逐渐扩展到建筑环境领域，而这一领域相关研究的代表人物就是阿恩海姆，他在《建筑形式的视觉动力》中提出了相应的原理学说。

在对建筑环境造型美学问题进行思考和探讨时，往往会将侧重点放在相应的形式美法则上，从而忽视心理在构图中所起的作用。为了创造出优秀的建筑作品，要主动自觉地体现出场中良好的力的关系，尤其是空间或形式方面的场。对于建筑平面和空间构图而言，在引力场的中心位置布置一些关键的构件或因素，可以轻易起到控制全局的积极作用。

环境艺术设计中的力的关系可以从多个方面体现出来，具体如下。

1. 力的渐变

对于量、形以及色彩的变化而言，这些都会在知觉上有所体现，具体来讲表现为某个方向的力。力的渐变不仅暗示着时空的推移，而且可以促成相应的心理反应，包括节奏感等。

2. 力的均衡

对力的均衡进行分类，可以发现其主要包括两类，即对称均衡和非对称均衡，对后者而言，其产生的效果会让人产生稳定与庄重的感觉。

3. 力的强弱

对于形成对比的两个对象而言，若是二者在形状、色彩等方面存在差异，那么它们在心理上造成力的感受必然会有强弱之分。合理地利用力的强弱对比关系，可以使所得的视觉效果更具张力，打破空间上的单调与平淡。

在当前的环境设计中，审美意识的重心已经发生了转移，设计师更多地追求以人为主体的空间意境创造，十分重视人的参与体验。在这样的背景下，越来越多的设计师开始注重心理学派相关理论的学习，并从中吸取相应的创作养料。

第三节　环境艺术设计的基本原则

一、功能原则

所谓的功能主要是从人的利用角度来说的，具体来讲，就是指室内外空间的使用效能，包括舒适、经济、安全等多个方面，另外，也可以将其视为一部建筑发展史，这一发展史主要是由不断增加的功能要求而创造出来的，推动人们由低级向高级不断发展。比如说，为了满足复杂多样的功能要求，现代建筑中产生了各种不同的建筑类型。所以说建筑类型是由建筑功能决定的。

在房间的室内设计中，必须从人的使用要求出发进行相应的安排和布置，这就是所谓的室内设计的实用功能。这一功能包括家具布置、通风设计、采光设计、设备安排、照明设置、绿化布局、交通流线等内容。

对于外部环境艺术设计而言，同样要满足人们各个方面的需要，其中包括休息、娱乐、绿化等。

使用功能和心理功能是设计中两个待解决的问题。当社会生产力水平较低时，占据主导地位的是使用功能。在现代主义设计运动中，始终坚持功能第一性、形式第二性的原则，事实证明这是非常正确的。反之，当社会生产力水平和社会消费水平较高时，占据主导地位的就是心理功能，在这种背景下出现的后现代主义往往会在设计中混入一些别的东西，如民俗、地方性、人情味等。

二、技术原则

在环境艺术设计中，所谓的技术主要是指包括工具和设备在内的施工技术。在现代科学技术愈加发达的背景下，要求现代环境艺术设计具备更高的效能，推动环境的舒适度进一步提高。比如说，任何施工难题都可以依靠现代材料和技术得到解决；现代技术可以推动施工效率的提高，促使工期大大缩短。

技术方面包括的内容有很多，主要包括：①安全设备；②空气调节设备；③装修材料；④家具；⑤通信设备。

三、人本性原则

为人们生活提供理想的、符合心理和生理需求的高品质生存空间，是环境艺术设计的根本目的。这一空间应当先符合自然规律，此外，还要对文化传统有所尊重，强调人对精神文化的需求，以及顺应社会的发展。

科技的进步在很多方面是具有积极意义的，它为人类创造的物质财富带来了前所未有的繁荣，促使自然资源的利用效率大大提高，并且人们的生活品质也有所提高。我们应当明白，人在发展时对自然资源的滥用打破了整个生态环境的平衡，而需要我们去做的，就是积极地保护和尊重自然，对自然资源进行有节制的利用与开发，以求保证人与自然的和谐发展。因此环境艺术设计的基本前提，就是增强人与环境的良性互动，创造出共生的环境体系。可以说，环境艺术的最高原则就是人与自然的和谐相处。

为此，现代环境艺术设计，从满足现代功能、符合时代精神的需求出发，强调需求，确立了以下基本原则和观点。

在环境艺术设计中，作为环境中的主角的人既是主体也是客体。在以往的设计中，经常会忽略人的存在，而将大部分的注意力都集中在创造环境实体上。要知道，所谓的“以人为本”主要是指对人类自身保持一种尊重的态度，而在创造适应人类生存的环境时，要始终牢记人与环境的依存关系，而不能仅仅关注自身。在诠释人的发展、生存规律及其在环境中的定位方面，以人为本的观

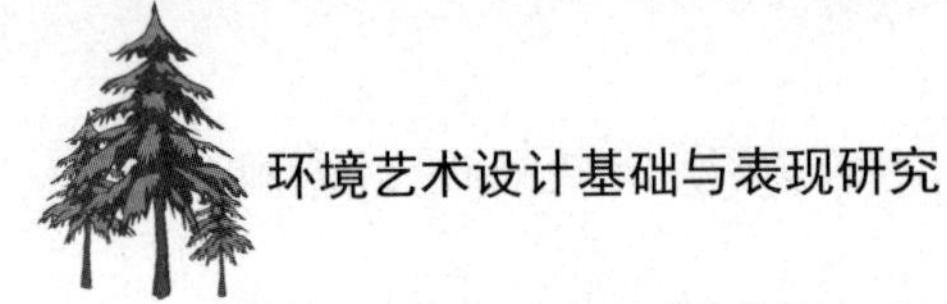

点发挥着重要的积极作用。如今，现代人追求的目标是充实自己的精神生活，而不再是单纯地满足于享受物质生活，所以环境艺术设计应该更加关注心理需求的满足，并且重视人与环境共生的全方位思维的培养。

对于环境艺术设计而言，为人服务是其社会功能的基石。其主要目的就是创造出适宜的空间环境，满足人们的需求，为此设计者要将人对环境的精神、物质需求放在设计的首要位置。由于在设计过程中会涉及很多问题和各种错综复杂的矛盾，所以设计者一定要明白什么才是真正的以人为本，设计的核心也要时刻围绕满足人与人活动的需要，以及保证人的安全和身心健康。现代环境艺术设计需要满足的是人们心理和生理的需求，处理好人与环境、他人的良好关系，并且要把为人服务作为基本前提，满足舒适美观、经济效益和环境等各方面的要求。现代环境艺术设计的出发点和归宿可以被认为是为了人与人的活动而服务的，这是一项有着很强综合性的系统工程。

为人服务作为功能的基石，需要设计者在处理细节的问题上格外用心，同时还能努力地为人们创建美好的环境。为此，对于环境心理学、审美心理学等方面的研究，环境艺术设计给予了高度重视，并且以这些研究为依据让设计师更加科学深入地了解视觉感受、行为心理和生理特点等对环境设计都有哪些要求。在设计中应当考虑到不同的人和使用对象的差异性。比如在烘托环境氛围，以及选用空间的材质和组织色彩方面，人们在生理和行为心理方面的要求都需要通过研究来确定。

另外，人本性原则还在以下几个方面有所体现。

①功能第一原则。将功能置于首位，也就意味着一种设计态度，即在设计中，摒弃花哨、虚浮、功利的做法，更多地追求实在性、实用性、节约性。在当前设计成为运用知识与表明某种身份的工具时，重提“功能”有特殊的意义。因此，它成为环境艺术设计的通用原则之一。

正如艺术中“内容与形式”的辩证关系，功能就是设计的本质内容，只有发现了真正内容，才会产生正确的形式。否则，一切形式都会是短暂和脆弱的。其实，设计中的功能包括切合实用需要、符合实际条件等。而实际上，我们在对功能的研究上还有很多工作要做，对功能本身内涵的研究甚至比形式的研究更为丰富。

②对弱势群体的关怀。环境艺术设计是反映一个国家经济、文明发展程度的重要标志。现代设计从它诞生开始就是指向大众的，如果在设计中，只追求高端而忽略占大多数的群体，必然会导致设计的整体性缺失。所以，要重视对弱势群体的关怀，这应该成为环境艺术设计的原则之一。

说到关怀弱势群体，就不得不说说无障碍设计了。这里所说的无障碍设计主要是指让人感到方便的设计。它主要包含三个方面。第一，舒适性，即小到一个短暂停留的椅子，大到一个区域的整体规划，要让人感到轻松、愉悦而不是负担、累赘。第二，安全性，这里指的是可达性。在各种环境中，弱势群体能无阻碍地到达任何地方。第三，沟通性，即让所有必需的信息畅通，易于辨识，信息沟通没有障碍。

对弱势群体的关怀原则反映出设计的价值观，是整个设计界达成的共识。诺贝尔和平奖获得者玛扎·泰莱莎常说："爱的反义词不是憎恨，而是忽视。"从这个角度讲，环境艺术设计者应该是最懂"爱"的工作者了。

四、地方性原则

宏观来看，环境艺术在侧面反映了当地实际的精神物质生活，并将其独特的历史印迹铭刻其中。现代环境艺术需要做的是主动考虑不同的气候及地域条件下，生活行为和活动的需要，以及自觉地强调和体现地方特征，注意思考和分析具有地方性特征的审美观与价值观，并积极采用先进的技术。

从物质技术和精神文化的角度看，人类社会的发展具有历史延续性，人们尊重历史、追随时代，从本质上看是有机统一的。在旅游休闲、文化娱乐和生活居住的环境中，采取因地制宜的手段，并且对有地方风格、民族特点和历史文脉的环境充分考虑延续、发展的设计手法。这里提到的历史文脉，不能只从形式和符号上去理解，而应该涉及空间的组织特征和规划思想以及设计哲学等抽象的精神层面的东西。

从某种意义上讲，这一原则的提出就是对环境文化多元化的肯定。它从哲学上认可了不同因素造成的环境差异的合理性。这些差异是先天存在的，属于一种自然选择，它为复杂多样的建造样式和生活方式奠定了基础。

如果说现代社会的工业化进程到来之前，人对客观世界的改造还停留在消极适应的被动水平上，从而使环境建设经历着缓慢演变的话，那么自工业化开始以后，突飞猛进的制造能力彻底冲破了自然演变的发展态势，一夜之间赋予了环境以崭新的样式。确立新的生活方式，肯定工程技术成果对现实的重大影响，一度成为环境创造的主题。最鲜明的特征是建筑混凝土、钢结构比现代建筑的出现要早百年以上，只是它们最初都披上了古典样式的外衣。当人们觉得旧有的样式已成为发展的障碍时，就将其一脚踢开，转向从结构和材料本身寻找形式的答案。不过，科技是没有民族特色的，任何地方生产的钢材和混凝土

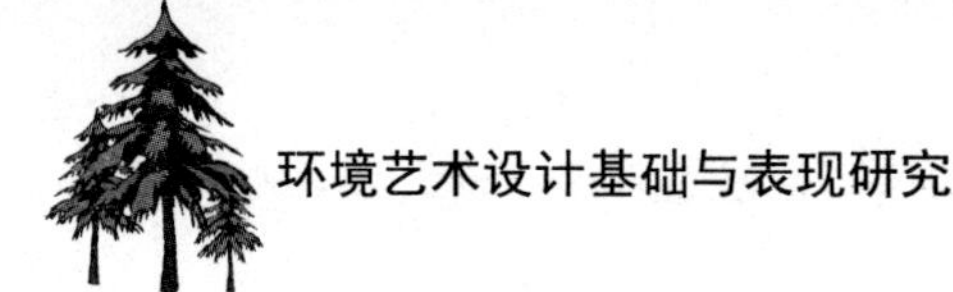

都是一样的，连接和成形的方式也很类似。于是现代主义在与旧式制造方式决裂的同时，也与文化的特征一刀两断。

然而人们对自然多样性认识的忽视并不长久。即使在现代主义思潮的鼎盛时期，也还是有一些先进的设计师既不拘泥于古法，也不忽略地域特征的表达，如北欧斯堪的纳维亚地区的自然设计观便是一个生动的代表。当人们有意识地对现代主义的弊病进行反省时，这种探索地方形态的设计表现出了相当高的价值。

在此，需要说明的是，所谓地方性原则并不是一种形而上学的，难以与大多数现实的设计相对照的空洞概念。实际上，它是一个具有普遍意义的公共性法则。因为对于设计项目而言，它往往都是具体且带有特殊条件的。无论是在国内，还是在国外，都将设计的着眼点放在分析具体的环境条件上。此外，在进行具体设计时，充分考虑了所在环境的总体风貌，因为对于一个城市或地区而言，其资源和文化价值的依据条件就是环境个性的存在。

概括起来，对地方性的认识可以从以下几方面着眼。

①地理地貌特征。在环境中，最为长久的一个特征就是地理地貌。对所有的地区环境进行观察，会发现它们之间往往存在着不同，而在水道、山脉等宏观的特征上则表现出更多的差异。通常来讲，这些自然界的固有因素在环境塑造中发挥着重要作用。在进行设计构思时，要注意彰显当地的自然特征，合理利用令人舒适的素材，弥补不利条件。

在城市里，水是一道独特且优美的风景。要重视河水的作用和价值，因为它不仅可以滋养生命，而且可以强化当地的城市景观。一条有代表性的河道，其重要性完全可以胜过一般的市级街道（当然科学并不赞同把环境分成三六九等，而是要一视同仁）。而现在的问题是，许多地方河水的静默与永恒反而成了人忽视它的原因。这里能够再进一言的只有忠告：发展中国家的人们不要轻易地被那些花哨把戏迷惑（比如由于对“丰田”“宝马”的流畅曲线的膜拜而滋生了占有欲，从而不断地扩充道路），进而迷失心性以致豁出生存的血本。实际上最珍贵的东西就在我们身边，它不可能由别人赠送。

②材料的地方化特征。在人类漫长的建筑历史中，最早的取材方式就是就地取材了。可使用的天然材料的种类是十分丰富的，包括石料、竹子等。而现代的钢材、玻璃等“人造”材料与以前的材料不同，它们完全摆脱了地域限制，由此也导致了材料的质感效果产生了很大的不同。但是，这与文明发展对客观世界的原本认识是相互矛盾的。在这种背景下，人们在反思标准化现代主义弊端的同时，在艺术设计上更加追求个性和人情味的体现，其中最重要的就是强

调地方性材料的使用。由此将表现地方生活的职责赋予了材料，使其产生了更强的表现力。

五、整体性原则

环境艺术其实就是一个系统，它是由自然与人工系统组成的。自然系统的构成方面包括山水、植物和气候等；人工系统的构成方面则包含交通、绿化、水电设施和建筑等。组成环境艺术设计的方面，除了实体元素还有一些非物质元素，如意识、思想、观念等，它们往往来自多门领域和学科，这就要求在环境艺术设计中，必须要遵循系统和整体的观念。

在环境设计的具体执行中，最重要且最基本的原则就是整体原则。在进行具体设计的过程中要关注整体的作用，运用联系的方式分析和思考整体与部分的关系。例如，在整体原则指导下，设计开始的一系列基础定位才得以确定下来，其中包括功能、资金等。从设计构思到定案审核，是整体原则检验的结果；设计的实施和管理更是整体原则的直接表现。因此，从某种意义上讲，设计作品的好坏取决于整体原则是否贯彻落实。

可以说，环境艺术的构思与立意要充分考虑环境的文化特征、整体性和相应功能等。环境艺术并不是各要素的简单相加和机械累加，而是要充分注重整体的效果，重视各要素之间的相互协调，并且还要将整体与局部有机地联系起来。所以，现代环境艺术设计在氛围、风格和立意构思方面，需要考虑到各种因素，如文化特征等。

自然环境有其本身的发展规律和特点，是客观存在的自在系统，人们要做的不是去改变而是尊重。人类作为环境的一个重要组成部分，拥有相应的自然属性，并且与其他的元素共同构成了自然环境整体，因此环境遭到破坏也就代表着人类自身遭到破坏。环境同时还具有共生系统，并且这一系统具有完整性和复杂性，一旦局部受损，全局都会发生变化。

而且，室内环境设计和室外环境设计的里外，其实可以看作是相辅相成和辩证统一的，其实际并没有什么绝对的内和外。为了对环境艺术有足够深入的研究，就需要更好地了解和分析把握整体，着眼于局部，还应将重点放在全局。对于如今的环境艺术设计而言，由于人们对环境还没有一个整体性的研究和了解，导致缺乏创新、相互雷同等弊端出现，也使环境艺术设计的构思封闭，其依据也流于一般。

因此，在环境艺术设计中，其整体性原则可以从不同的层面、角度和侧面进行把握。比如可以在科技、艺术和文化等方面对环境整体设计有所把握。对于环境艺术设计而言，整体意识是其中一个重要的原则，在进行具体设计的过程中，要考虑的原则有宏观和整体的原则，同时还要在处理和思考整体与局部关系时采用联系的方式与发散性思维。

六、社会性原则

对于环境艺术设计而言，在上述原则的基础上还要做到与整体环境相协调，从而体现出社会性原则。例如在住宅小区的环境中，这一原则有几点主要的表现，分别是环境的历史文化元素、人文精神以及居民的文化素养和安全意识。对此，可以借助环境的力量，推动居民社会意识的提高，促使其归属感、参与性和邻里关系进一步增强。

七、生态性原则

人类改善自己的生存环境是其开发和利用资源的目的，但其毫无节制地滥用和不断过度地开发也严重破坏了自然环境。从性质上讲，很多环境都是不可再生的，比如说在我国或者其他国家都存在部分绿地因水土流失严重而逐渐变成荒漠的现象。因此，在环境设计的同时我们应时刻注重生态的平衡，仔细考虑未来和可持续发展的可能性。

早在 20 世纪 80 年代中期，部分发达国家就已经提出了可持续发展这一概念。1993 年联合国教科文组织和国际建筑师协会共同召开了“为可持续的未来进行设计”的世界大会。动态且可持续的发展观要求设计者既要考虑环境、土地、生态和能源方面的可持续，也要考虑发展的更新可变性。可持续发展下一个层面就是绿色设计，也就是具体化的、抽象的可持续发展观，且可持续发展和绿色设计应当是实际的行动，不应只是挂在嘴边上。可持续发展原则在环境艺术建设中主要体现在保持原本的自然生态、努力避免大面积地砍伐树木和破坏绿地、尽量保留当地环境的原本状态、使用可再生的建筑材料、降低污染等方面。

八、经济性原则

经济的发展主导着现代设计的发展。一个好的设计，应尽可能地降低造价，以获得最大的经济效益。同时要以人们的使用和需求为目的，避免盲目攀比、华而不实。在材料的选择和使用上，要注意因地制宜，尽量选用当地的植物和材料；在进行空间组织和形式设计时，要充分考虑和满足人们的使用功能，节约土地，降低能源消耗；在组织和设计道路广场时，要重点关注人口总数和生活方式，推动风能等自然能源的利用。

九、科学性与艺术性的融合

在工作中重视科学性是环境艺术设计的另一基本原则。从环境艺术发展的历史上看，生产力的发展始终和新风格的兴起有着密切联系。科技与社会生活的进步，以及人的审美兴趣、价值观的演变，都会促使环境艺术设计对当代的科技成果给予充分的重视和运用，其中包含了新的材料与施工技术以及相应的设施设备，以此来创造出更好的环境。

对于现代环境艺术而言，其科学性需要在设计观念上进行确立，同时还要重视其表现手段和设计方法。当前，设计者非常重视科学思维的培养和应用，并且开始运用电子计算机技术对环境艺术的好坏进行分析，同时运用这一技术进行相应的辅助设计。熟练地掌握和运用这一技术，可以对形体与空间关系进行准确的表达和研究，且非常真实和细致地表现环境艺术设计的视觉形象特征。

对于环境艺术设计而言，不仅要重视物质技术手段，而且要注重艺术设计学与美术学原理的学习和运用，具体来讲，最应该得到重视的一个方面就是具有感染力和表现力的空间形象创造，将具有文化内涵和视觉愉悦感的艺术环境创造出来，以便让生活在快节奏和社会高科技中的人们在心理与精神上得到安慰、平衡。

在进行具体工程设计时，总会不断出现不同类型和特点的环境问题，且在处理艺术性和科学性两方面问题时也会有所侧重，从宏观整体角度看，两者仍然需要结合。艺术性和科学性是可以紧密结合的，并不存在对立与割裂的情况，这方面成功的案例可谓不胜枚举。例如，卢森堡市街头景观小品设计，从整体环境出发，科学性与艺术性并重，让人有新鲜感。

总而言之，尽管人类如今的科技处于较高水平，但还是不能够掌握自然与再造自然，要想真正地尊重自然和人类自身，最好的选择就是与自然实现和谐相处。此外，除了要保护自然环境，还应尊重其自在性，重视保护历史遗存。

第三章　环境艺术设计的要素解析

人们所能耳闻目睹的一切事物都是构成环境艺术设计的要素，作为一门新兴的学科，我们要用发展创新的眼光来解析这些要素。本章分为环境艺术设计的思维方法、环境艺术设计的造型要素与形式美和环境艺术设计的形式要素三个部分，主要内容包括环境设计的三种思维方法并以设计师酒店为例说明了环境设计的思维方法的应用，环境设计的造型要素主要包括线、形、色彩、质感四个方面，环境设计的形式美及形式要素等方面的内容。

第一节　环境艺术设计的思维方法

一、环境艺术设计的基本思维

（一）理想与现实

科技的现代化、机器的智能化，使人们能够使用机器，同时又不可避免地被机器制约。人们或许奢望利用数学或机械的方法来设计并制造出美的东西来。有关空间形式美以及其相关的心理学理论的研究，为现代设计方法论提供了依据。电脑的人工智能化研究成果早已挤进了艺术的创作领域，正是这方面的发展，促进了艺术思维的产品化、商业化。人情与个性在现实的设计活动中往往处于一种无关的状态。传统上，设计师一向对设计创作进行着瞻前顾后的考虑。人人都知道创新不易，而且都知道创作的事情是急不得的。即使是在日常生活中，许多事都需要人们耐心地等待，不能省略任何思考环节。作为设计师，丧失耐心是极可怕的。

谈环境艺术创作，要正视、尊重它本身的规律，设计的产生有其内在的必然性。因为，艺术创作是在一定文化背景下的精神溢出。但是，现在的设计师的工作状况过于亢奋，面对当前经济发展的挑战，设计构思在非常暧昧的状态下就草草出笼。几乎无意识地开始绘图，盲目地动手，只能程式化地规划或布置设计内容，结果则肯定是枯燥无味的。评定设计的人也只能从表面上去推敲与思考设计成果，或者按某些不合理的要求控制投标、竞赛，以迎合业主。赢得设计权几乎成了目的。然而，背后隐藏的自然是设计的后患。

环境设计如同其他门类艺术，如音乐、文学一样，不只是求得满足某种艺术感觉就够了，还必须反映许多更本质性的东西，那就是深刻的文化内涵。设计者的理想来自向往、想象，但其可行性却受现实条件的制约。设计必须有理想，但不顾及现实的制约，自然行不通。更重要的是业主及设计师的理想在设计创作过程中，都必须经过检验，而检验的准则来自对文化背景的认识与判断，来自对生活方式的检视。而这些又源自人的尤其是设计师的道德准则。设计就是去满足一种生活方式，在众多而纷乱的矛盾中建立必要的秩序。

（二）解析与重构

其实，科学和艺术活动在方法论上有许多非常相似的地方。在环境艺术设计中，设计师从传统的环境建筑或环境设计式样中受到启发，也可以参考艺术大家的作品找出艺术元素，不断提高设计师的艺术认识水平，形成自己独特的见解。随着社会经济和科学技术的发展与进步，结合艺术设计的原则，找出环境艺术设计中最为重要的元素，这就是环境艺术设计思维中的解析思维。

面对各种自然、环境、艺术和技术要素，设计师要发挥丰富的想象力，厘清各种不同类型的环境艺术设计中的技术环节和必要手段，在新的创作中重新构建这些要素，厘清它们之间的结构关系，从而形成必要的环境可持续发展的构架。艺术法则与技术的原则在根本上没有矛盾，都是“解析与重构”环境设计过程的重要方面。

二、环境艺术设计的审美思维

（一）审美创造力

审美创造力主要是通过想象表现出来的，心理学家指出：“想象分为再造想象和创造想象两大类。所谓再造想象，是人类在生活经验的基础上再现记忆中客观事物的形象；所谓创造性想象是在经验的基础上对记忆进行加工组合，创造出新的形象。”

艺术作品的创造离不开创造性的想象，它是艺术家对政治、生活和艺术素养的一种体现，古今中外杰出的艺术家、文学家无不是运用创造性的想象，创造出无与伦比的优秀艺术作品的，从而唤起人们无限的遐想。诗人李白的绝句："黄河之水天上来，奔流到海不复回。"字里行间无不充满想象力。莫扎特、贝多芬、舒伯特的乐曲，时而如宁静的海面，时而又如波涛汹涌，时而又如悠远的天际，时而又如烈焰升腾，唤起人们无限的想象。国内外著名的美术家同样运用想象的规律，创造出许许多多优秀的艺术作品。环境艺术设计中的审美创造力同样可以运用想象具有的规律，即美学中提出的"取其形似""取其神似""取其质同""取其意反"等，也可以运用常见的比喻、夸张、反转等修辞手法，组织各种丰富多彩、变化多端的形式构成对环境想象的依据，从而创造出全新的艺术设计作品。

（二）审美想象力

环境艺术设计的立体构成中，应注重多从层面理解形态的本质，将造型研究推向专业高度，从一般的侧重于纯粹的抽象几何形态的联想，转为环境艺术设计的空间形象分割的应用、室内界面装修的应用、室内陈设的构成运用的想象。在实践中，结合立体构成理论与环境艺术设计理论进行对比和观察，训练专业构成意识，提高对专业构成语言的运用，激发创造性思维能力。如立体构成是通过概念要素的变化组合，将抽象的几何要素点、线、面、体这些纯粹概念要素，经过累积、折叠、聚积、旋转、分离等综合构成形式，创造出新的形态要素的。

环境艺术设计空间中的各种设计形状、环境轮廓的特征，就是我们所说的环境艺术设计立体构成中的各种形态要素，我们可以从无数的环境艺术设计的实例中得到验证。如无锡阳光 100 国际新城的建筑设计，整体建筑群是由多个三角形立体形态组合而成的，建筑的立面设计由一系列的规则的长方形窗体排列组成，在视觉上形成了节奏感极强的面状立体形态。再如上海世界博览会德国馆，整体是由不规则几何体构成的，在形态处理上体现了立体构成的"体块"关系。迪拜"烛火大厦"，从建筑的表达上看，无论是结构工程方面的创新还是在美学的表达上，都是无与伦比的超现代建筑。

通过国内外大量的优秀作品的对比，能够提高人们的环境艺术设计思维能力，在使人们受到极大感染的前提下，也留下了充分的想象空间与表现空间。

（三）从抽象的形态联想到具象形态

从抽象的形态联想到具象形态能够培养我们的想象力，可以从抽象的形态联想出环境艺术设计的空间。例如由立体构成形态元素的点联想到室内陈设中的灯具、花瓶、家具、植物、雕塑、艺术品……由线联想到室内空间设计中地面的地角线、棚顶线、家具设计上的直线和曲线……由面联想到墙体、棚面、地面……通过观察和联想，我们认识到任何环境艺术设计的空间形态，都是由相关的概念要素产生的新的环境造型形态。

三、环境艺术设计的创意思维

环境艺术设计与立体构成呈水鱼关系，因为立体构成研究的空间形态、形式美、材料要素同样也是环境艺术设计中要表达的重要方面，环境艺术设计包含的室内、室外、环境雕塑、园林景观等以及与其相关联的建筑、规划、公共艺术等空间设计，都离不开立体构成的造型原理和表现方法做支撑，所以两者的关系是密不可分的，立体构成是环境艺术设计的基础。

（一）题材选择

我们要结合立体构成与环境艺术设计之间的密不可分的特殊性，将立体构成中不具有实用目的的抽象形态练习，与环境艺术设计的应用紧密相连。例如可以分别在室内、室外、景观、园林小品中选择一种形式，从形式美的角度选择，既要考虑对称与均衡、变化与对比、节奏与韵律、比例与尺度、重心与稳定，又要从环境艺术设计的特殊性方面加以研究。如选定题材为，以室内空间序列为特点的立体构成练习。在形态空间的处理上，充分利用重复、过渡、衔接、引导和暗示等一系列手法，把整个题材构成一个有秩序、有变化、统一的完整立体构成空间构成。

（二）形态处理

立体构成的形态研究是将抽象的几何要素点、线、面、体这些纯粹概念要素，经过构思变化创造出新的造型形态，如通过旋转、移动、扭曲、弯曲、切割、展开、折叠、混合、积聚、插接等运动形式构成丰富的空间形态，根据立体构成的构成原理，将立体构成抽象的形态构成转化为能够有实际应用目的的空间创造。从环境艺术设计的角度分析环境艺术设计空间的实体要素与立体构成的形态构成的共同点，例如在室内陈设中的家具、照明用的灯具、装饰织物、设备、室内各式隔断等，均可以视为立体构成设计中的点、线、面。在室内设计中更是处处可见立体构成的基本形态的运用，如室内空间的地角线；棚顶线条的走向；地面铺装整体的线条效果；利用空间的水平方向和垂直方向，创造上下交错覆盖、相互穿插的立体空间形态等，无处不体现了立体构成抽象形态在环境艺术设计中的体现。以下是立体构成与环境艺术设计形态的对比参考。

通过列举古今中外著名优秀建筑室内外空间的设计，成功运用各种材料的材质效果的范例，可以知道，在材料的应用上，应该有较强的应用性和目的性。如我国传统古典建筑的榫卯、斗拱结构；国外现代建筑的室内空间组织、空间界面采用金属、玻璃等材料；建筑的外墙采用各种石材形成丰富的肌理效果。日本巨大双贝壳别墅设计架结构、壳体结构、拉伸结构等均是通过材料的加工工艺得以实现的，如插接、铰接、焊接、铆接、钢接、捆扎、编织等。立体构成材料的工艺加工技巧在环境艺术设计中应用的例子更是举不胜举，如中国的国家大剧院、沈阳的奥体中心、澳大利亚悉尼歌剧院等。

为培养环境艺术设计的思维创造能力，寻求更多的造型肌理效果，可使用直线折屈、曲线折屈、切割和密集等组合方式，由此指导如何将材质的肌理效果运用到室内天花板的装饰、建筑墙面的装饰、室内墙面的装饰等设计当中。

四、环境艺术设计思维方法的案例分析——设计师酒店

说到如今的酒店设计，设计师都朝着多元化、人本主义和注重人的情感和体验的方向发展，“设计师酒店”正是迎合了这种需求出现的前卫设计的酒店，是酒店文化和设计文化融合的原创性、个性化主题酒店，与我们传统的酒店在规模和形式上有所不同。设计师酒店的空间装饰、陈设、酒店的产品和服务等都融合了文化、艺术、设计、时尚与环境的元素，带给人们的是一种愉悦难忘的体验氛围、不同的住宿感受和独特的情感体验，也拥有小规模追求时尚和个性、追求极致体验和文化理念的旅行者消费群体。设计师酒店堪称一座座艺术展览馆。

（一）设计师酒店的思维特征

富有设计感和个性化空间的设计师酒店具有如下几方面的特征。

1. 设计师酒店的创意思维

设计师酒店是大众文化发展的代表，也是时代生活理念发展的典范，设计师的原创理念来源于这样的文化内涵和创意思维。在城市的地域、商业经济和生活艺术等文化潮流的引领下，依托不同的环境资源和人文艺术，在确定酒店

文化设计主题和设计风格的基础上，设计师形成独特的创新思维，打造原创性和个性化的创意思维设计理念。

2. 设计师酒店的审美思维

设计师酒店的审美思维，是根据其中高端消费群体的情感体验来设计的，追求时尚个性、品质文化和服务。从建筑物的外立面、室内空间的装饰、软装陈设到家居用品的选择，设计师酒店都遵循设计风格的统一性和整体性，带给消费者精品的设计感和艺术情感，体现了设计师酒店环境艺术设计空间美的法则。

3. 设计师酒店的个性化思维

酒店在追求精品化服务的基础上，也注重个性化的定制服务。个性化定制服务带给消费者新鲜的住宿体验。每个设计师酒店都有不同的主题文化，带给消费者不同的体验和服务，同时依据完善的顾客档案定制喜好不同的服务，提供给每位消费者温馨和感动，也建立了客户忠诚度。

（二）设计师酒店的环境艺术表现手法分析

1. 波普艺术

波普艺术提倡的是夸张、个性和自我的价值观念，这和设计师酒店的原创理念和个性化特征不谋而合，因此在设计师酒店的设计中，可以更好地融入波普艺术的创作风格。

波普艺术作为一种流行文化盛行并蔓延到世界各地，是在 20 世纪 50 年代之后。波普艺术摆脱了功能主义设计的束缚，艺术设计作品中使用的图案具有更多的夸张性，色彩搭配也具有强烈的对比性，更多地受到了广大年轻艺术家和设计师的追捧。波普艺术作品开创了全新的艺术设计理念，给人以强烈震撼的视觉冲击。

设计师酒店中波普艺术的体现主要有两个方面。

①两者都有广泛的受众群体，设计师酒店没有星级等级标准之分，关注是否有独特的创意设计，而波普艺术也是一种被广泛接受的艺术形式。

②设计师酒店和波普艺术都是“反叛精神”的象征，两者都有自己独特的个性，反叛标准传统的审美观，艺术与生活结合，拉近艺术与人的距离，注重人情味。

具有波普艺术风格的酒店还有土耳其的“波普酒店”，设计师将一个爱情故事融入设计之中，并将当地的文化和宗教符号赋予其中，地毯和吊顶使用涂鸦艺术，黑白对比的装饰风格，吧台上方串联在一起的五颜六色的灯具，营造了一种神秘而魅惑的环境。这些独具特色的酒店风格深深吸引了追求时尚和追求个性的年轻人。

2. 抽象艺术

设计师从点、线、面、体等不同形式的组合中提炼出大量的设计元素，运用在酒店的装饰和陈设上面，从而提炼出酒店注重内涵而轻视外形的艺术效果。这些都是抽象艺术中颜色运用和形象表达的一种设计师主观的情感体现，是没有具体的形象特征、偏离或者完全摒弃原有形态的抽象艺术模样。

3. 后现代主义艺术

现代主义倡导理性、功能性和实用性，而后现代主义则是注重人本主义，强调人在设计中的主体地位，同时结合人文环境的实际情况，强调人文环境的美学特征。后现代主义的设计绝不是对古典的模仿抄袭，而是将设计元素重新组合，讲究设计的人性化、多元化。

受到后现代主义的影响，设计师酒店具有前卫大胆的设计、不断创新的创意思维，贴近人们的生活日常，更加注重人性化设计。

（三）设计师酒店的环境造型要素分析

设计师酒店的文化性体现在酒店的环境塑造上，设计师将酒店的文化理念通过设计的手段表现出来。在满足酒店功能的前提下，营造独具特色的环境氛围，达到艺术和文化高度统一的效果，让住宿者产生愉悦的情感体验。

设计师酒店摆脱了传统酒店的设计形式，注重营造酒店的环境氛围，综合运用划时代的空间要素，重塑全新审美标准的酒店环境，在完成酒店基本功能的基础上，精准地表达酒店的情感诉求，追求酒店环境造型的形式美。

1. 空间形态

设计师酒店既遵循整体性空间设计原则，也追求空间形态的丰富性和多样性，体现出设计师酒店的设计风格和不同空间的形式美，营造出一种不一样的、独特的环境氛围和文化理念，这也正体现了设计师酒店原创个性的特征。设计师酒店对空间的设计要素表现在空间的点、线、面、体等形态上。

（1）空间的点

设计师酒店中空间的点随处可见，空间也是由一个或多个点元素构成的，点有不同的组合排列和不同的形式，能带给人们不同的视觉感受。室内陈设的家具、灯具、墙壁上的装饰品等都属于空间中的点，构成了点的自由排列组合，再加上色彩的对比和大小、形状的对比，不仅点缀酒店空间的效果，还活跃了空间的氛围。

（2）空间的线

酒店设计空间的线的长度、方向等的运用，主要体现在酒店空间界面、灯光以及家具的陈设上，形成独特的空间风格，塑造个性化的特征。不同表达形式的线条能表达不一样的情感。比如现代主义风格的米兰“阿玛尼酒店”中直线条、规整线条的运用，给人一种静谧端庄、规整简洁的时尚感觉。塞尔维亚老磨坊酒店的大堂空间，运用柔美律动的曲线条设计，展现酒店空间的动感活泼，给人很震撼的视觉效果。

（3）空间的面

设计师酒店空间的面由墙面、地面、门窗和天花板等构成，也是酒店空间中面的表现形式。多面组合成空间，面的装饰风格就构成了酒店空间的整体装饰风格，通过点线元素的色彩、形态、材质的拼接组合构成面的视觉效果。

（4）空间的体

设计师酒店中的点线面围合成的空间即为酒店空间的“体”，使得酒店具有体量感。设计师结合空间体量感，设计酒店空间的造型、比例，就形成酒店的整体设计效果，也营造了酒店特有的氛围。

2. 视觉色彩

设计师酒店中丰富色彩基调的运用，带给人们直接、生动的感受，这也是酒店环境塑造的因素之一。酒店室内相互影响的色彩搭配，室内界面、家具陈设都要达到空间整体的色彩效果，打造个性化的酒店环境。

（1）色彩的情感特征

酒店中不同的颜色能带给人不同的视觉感受和不同的情感体验。色彩明度和色块大小的对比也可以造成人们心理上的震荡，冷色调（蓝、青）的空间给人宁静清新的情感；暖色调（红、黄）的空间给人温暖的情感。冷色调和暖色调的空间色彩带给人不同的感受。

（2）色彩的空间表现

设计师酒店打破传统酒店单一的白色空间配色和统一的家具颜色，采用大胆的空间色彩配色和搭配，在空间界面和家具陈设上搭配不同的颜色，多彩的酒店空间能释放人们不同的情感，使人心情愉悦，发挥无限的想象力。如乌克兰利沃夫宜必思酒店，运用丰富绚丽的色彩装扮酒店空间，鲜亮的色彩搭配优雅明亮的背景，酒店内白色墙面上大面积不同颜色的色块拼接，高明度色彩的家具，给人一种新鲜而充满活力的住宿体验。

3. 光与影

设计师酒店室内光环境的设计，充分考虑到光对空间氛围的影响和光影烘托出的酒店空间形态的美感，考虑到酒店窗户的造型和位置，采用自然光和人工光相结合的设计手法。光影效果在设计师酒店中运用自如，采用多种照明方式，在满足基本照明功能的基础上，大量运用重点照明和装饰性照明以及个性美观的照明灯具来渲染空间，利用光影的明暗虚实、色彩对比、动静变换来烘托不同的空间氛围。

4. 材质应用

设计师在利用常见的材质基础上加入别出心裁的工艺手法，充分发挥想象力，创造出富有艺术美感的视觉效果。设计师在设计酒店时，注重材质的形态、色彩和肌理的表现应用，通过材质肌理和不同的材质搭配来营造个性化的酒店空间。从材质构造特征的感性审美入手，探讨材质美学的艺术性体验。

5. 陈设家具

设计师酒店的家具陈设，除了具有基本的实用功能之外，更多地被赋予了装饰空间的艺术特质。设计师根据酒店的地域文化理念和酒店的整体设计风格，选用具有特色的陈设家具来点缀酒店空间环境，设计和营造酒店的家具陈设空间效果，以期达到家具和空间的整体统一性。如以室内设计闻名世界的香港“J PLUS 精品酒店”，有着时尚活泼的酒店氛围，酒店中有如手形状一样的椅子、鲜红色的沙发、轮廓模糊的织物地毯、造型各异的灯具、透着不同色彩的水晶装饰玻璃等，每一件家具都是一件艺术品，让人感觉进入了艺术的殿堂。

第二节　环境艺术设计的造型要素与形式美

一、环境艺术设计的造型要素——线

点的运动构成线，线的运动构成面，面的运动构成体。因此，线是最基本的造型要素之一。线又可分为直线、斜线、曲线，甚至可视为数学和所谓有机

线性元素。线的纵横交错，便形成矩阵，在环境设计中这是最基本的。在历史的环境设计造型中，直线纵横交错、水平和垂直运用的空间组合，都是古代文明中城镇、房屋和景观花园最基本也最容易用到的“线”要素。

但是，自然条件往往不允许我们将问题简单化。以一种抽象的态度强加自然以简单而纯粹的直线，有时则显得十分粗暴，生活中可以说没有绝对的直线。直来直去的做法往往太工业化，也往往不够负责任，缺乏人情味。特别是在西方的城市设计与景观设计史上，这样的例子很多，凡尔赛宫和一些模仿它的英国园林里，直线用得过于突出，空间效果显得不亲切，不自然。而与之相反的东方园林的设计，不但规模适当，而且其线形安排合理，直线有时只是一种无形的导向线，起的作用十分微妙，并有助于构成明确的空间关系，引导人流。

斜线有着明显的方向和动态感，给人一种有力、尖锐的感觉，虽然相比较直线而言其兼容性比较差，但是斜线与直线的良好配合，能给人出人意料的造型效果，使得空间设计更加具有灵活性。

曲线没有明确的方向感和力度，也不容易让人们掌握，但是柔和的曲线，可以缓和人们的紧张情绪，给人带来轻松舒适的感觉。

为了生产方便，环境设计中的线性因素很多是人为的、数学的，是用公式能计算出来的。自然造化比人为事物要自由而复杂得多。然而，自然的线性因素也并不是随意的，线性因素有其存在的合理性，它可以描绘多样性的地形，也可以体现出丰富的自然生态，也能展示它们之间的关系。在环境艺术设计中，要理性地运用线性因素，考虑复杂的地形地貌、地方植被和自然水体等多方面自然性因素，不能人为地破坏任何构成环境形态的自然因素。

几何中，线是一种具有长度的几何元素。它没有宽度，没有厚度，也没有面积大小之分。在环境艺术设计造型上，线能提供给设计者多种多样的形态变化，能提供给设计师无穷的想象力。线有一种动态的方向感，能更强地表现设计中的动和静，表现出变化的动静结合。庄重、严峻的垂直线，平和、静寂的水平线，动感活泼的斜线，厚重、优雅的曲线，环境设计中不同的线要素能带给人不同的视觉感受。

在室内的环境展示设计中，设计版面、展示的道具、展品等构成直线效果的因素，互相配合，引导观众有意识、有目的地观看展品，达到审美的视觉效果。

二、环境艺术设计的造型要素——形

形如同线一样，形也有任意的、自然的和数学的性质。形体的讨论是一个不断深入的过程。形的产生更多地归因于功能空间的要求，而且，形往往被赋予某种“意味”。但是，对于所谓形的意味我们无法做定量分析，许许多多解释都是一种约定俗成。关于正圆、正方形、等边三角形的释疑几乎可以单独写一本专著。事实上，正是这些基本形构成了人类设计创作的相当一部分历史。

无论是对设计师来讲或者是对于使用者来讲，形体是个很敏感的东西。人为造化的优劣标准有了很大的变化，它不再单纯是个视觉问题，而往往与那些令人心旷神怡的自然形体有关，如树形、山形、水体等。人们天生就与自然生态相亲近，只是因为数学的形易于识别、易于构造，在设计史上才反复地出现。从文艺复兴以来，特别是在20世纪，人们有意无意地接受数学形体在设计活动中的统治地位，并视之为人类理性力量的象征，其承载着许许多多的“含义”。从东方文明到西方文明，圆形的城市、交通枢纽、城堡与房屋比比皆是。尤其是在我们这个讲究“天圆地方”的国度，正方形和矩形几乎成了设计作业的基本形。几千年来，我们沿用这种数学形，对它们所处的地位和实用性笃信无疑。现代实验心理又将形状的性格和它的环境效应纳入自己的研究范畴之中。对于视觉与错觉的探究的理论成果基本上涉及有关现代艺术和设计的所有领域。

以“图”与“地”的研究为例，它确实为设计师提供了一种图形研究的观察方法。形状被赋予性格，从形状上可以感觉出特定的气氛。虽说，这种纯属视觉与心理分析的方法有着严重的形式主义倾向，但是，在研究设计的初级阶段，它的启蒙作用是很明显的。虽然我们仍然无法科学地论证这些在心理学上的发现，而事实上，相互近邻的东西，活动方向一致的东西，性质相似的东西有集群倾向。而封闭的轮廓才能形成有效的图形意识，圆满、柔和的圆形，轻巧活泼的扇形，坚挺有力的三角形，稳固的梯形，庄重的正方形，流动跳跃的椭圆形，这些曲率和角度的变化，会给人带来戏剧性的感觉效果。

随着生产与技术水平的提高，工业产品的批量化致使设计形态规格化。模数已成为设计师日常工作中不可回避的概念。一方面，它带来了实用性；而另一方面，它又带来了禁锢设计思维的危险。倘若一切设计活动都以规定的模数为标准，世界就会变得十分单调，人与自然的关系就会变得越来越疏远。

三、环境艺术设计的造型要素——色彩

色彩赋予形体以鲜明的面貌，也是环境艺术设计中最不可忽视的基本造型要素之一。与人工色彩并存的还有自然色彩。大地上的绿茵、海上碧波、天际彩虹等都对环境色彩的设计有着根本的影响，因为色彩最直接地诉诸人们感觉

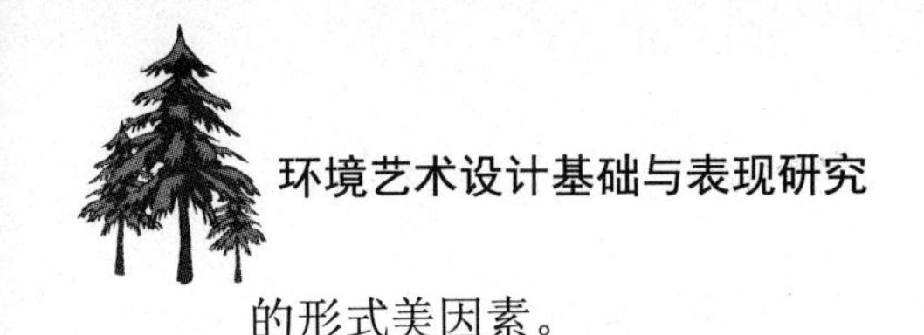

的形式美因素。

（一）色彩的趣味

在从事与环境有关的色彩设计时，设色要谨慎，要注重色彩趣味。研究色彩，就是研究它的明度、色调、色度对比以及补色对比。明度对比的研究，是一种色彩“素描关系”的研究；色调对比，是一种调性的分析；色度对比，是色彩饱和程度的分析；补色对比，是互补色搭配的研究。与人们对形的心理反应一样，色彩也有许多象征性含义与情调。从冷暖感上讲，红色，温暖、强烈、有重量而华丽；橙色，温暖而柔和；黄色，温暖而轻巧、强烈而愉快；绿色，平和而愉快；蓝色，沉静而坚实。从明度上讲，明度越低则色彩予人的感觉就越重，明度越高则越轻盈。虽然色调、明度、色度同时存在，并共同作用，但对于设计师来讲，对色调倾向的控制显得更为要紧。

（二）色彩的配置

色彩设计的另一个要点是对环境色彩配置的研究。虽然，在环境的配色控制上，不一定在任何时候都必须是同一色调的调和或相似，但是，在色调、明度、纯度的把握上应考虑色彩之间的协调，讲究色彩间的平衡，避免突变，在渐变时也应尽可能从大局上来思考。装饰性色彩可局部地用以点缀环境。装饰色不管它本身有多么诱人，都不能喧宾夺主。具体工作中，要重视材料的本色，如混凝土、石材以及其他天然面料。对于可以调色的涂料的运用要特别谨慎。一般来说，明度和色度可以不同，只要色调相同就能达到整体的和谐。如忽视色调的调和，结果是将会永久性地破坏环境的统一感。环境色彩的设计往往强调整体，以某一色系为主，以形成统一的色调，这种色调本身就富有控制性，但往往也很脆弱。环境色彩设置时的补色、对比关系的安排时常造成互相排斥的紧张感，致使整个环境色调陷于混乱。因此在运用环境色彩的补色和对比关系时，必须从色彩设计的整体出发，以求得最佳的色彩和谐效果。

（三）色彩的效果

每一种色彩由于其冷暖属性，会让人产生不同的生理感受。红色给人热情、奔放、喜庆的感觉。橙色是一种比较特殊的颜色，它常常用于秋季，代表丰收的时节。橙色和黄色都属于暖色调，除了让人感觉温暖，还有增加食欲的效果。餐厅为了能刺激人们的食欲多采用以橙、黄为主的暖色调。一提起蓝色，常常将苍凉蔚蓝的天空和平静湛蓝的大海联系在一起，蓝色也可让人联想到水，代表放松、理性、冷静，蓝色常常被作为一种基本的色调。绿色则表示清新的春天，让人联想到植物，象征生命和希望。许多人认为它是一种最为大众广泛接受的颜色。另外绿色的空间感较强，能让较小的地区显得更为宽阔。紫色在商店内景中用得较少，除为了达到一些特殊效果，如果商店内部运用过多的紫色会挫伤顾客的情绪。白色没有颜色倾向，给人以单纯圣洁的感觉，白色可以对精神、情绪、心脏起到很好的安抚作用，此外还可减轻疼痛。所以，医院及医疗机构多用白色作为建筑和室内的主色调。

不同的色彩让人有不同的温度感，也能改变物体的距离感，还能改善设计空间的效果，带来体量感和重量感，因此在环境艺术设计中，要正确地运用色彩的温度效果，营造特定的气氛，利用色彩的距离改善设计空间的特征。在室内空间中，通过运用统一的色调的手法，将家具的色彩融于室内环境中，营造一种平和、安逸的氛围。

环境展示设计中的色彩由两大部分组成，即平面的颜料色彩和空间的光合色彩。由于这两大色彩的不同作用和演变，因此形成了展示空间色彩的丰富性，对色彩规律的把握和对色彩的设计及运用也就显得特别重要。

①光学的颜料色。光学和颜料色理论上讲，颜料三原色按不同比例混合，可以得到所有的颜色。

②原色、间色、复色。色彩中再不能分解的基本色为原色，如光色中的红、绿、青，都是原色。两种原色混合后所得的色彩为间色，光色中的间色为黄、品红、青，颜料色中的间色为橙、绿、紫。复色是两个间色或其中一种原色和其他对应的间色混合所得的颜色。

③在无色彩颜色中，白色的明度最高，黑色的明度最低。纯度是色彩的鲜艳程度，也称作饱和度。纯正的颜色显示出了最高的纯度，如果将白色、灰色或黑色加入纯色中，就会降低其纯度。

④色彩对比。在色彩理论中最重要的就是色彩对比，这也是色彩变化的关键。色彩对比是指参与并置的颜色相互排斥、相互依托。色彩对比的类型有同时对比、明度对比等。

⑤色彩与形状。色彩和形状本来应该是一体的，形态中包括了形状和色彩，一切视觉表象也都是由色彩和亮度呈现出来的。在造型要素中，色彩与形状又是两种有区别的现象，它们都有各自不同的性质。作为视觉的要素，它们都具有传递表情和内容的功能，可以使我们获得某些信息，也都能帮助我们把各种物体和事物区分开来。

⑥色彩与传达效果。色彩能传达出某种内容和信息，同一物体在不同的光照下会表现出不同的状态。

四、环境艺术设计的造型要素——质感

质感是一个很难定量分析、感性色彩很强的设计元素。正如常识告诉我们的：石材、金属于人以硬、光、冷峻的感觉；纺织品则于人以轻、柔、温和的感觉。然而，事情并不那么简单。质感的处理因为没有一个放之四海而皆准的“法式”，所以对环境设计师的修养要求更高。了解中国画的人都知道，在山水画中，所谓“皴法”的研究就占有极为重要的地位。东方艺术家对于质感的艺术效果是极为敏感的。在传统中国园林中，这方面的艺术遗产也十分丰厚。从铺地、堆山、砖雕、石作到大、小木作的局部工艺，值得我们总结的东西比比皆是。材料固有的自然美本身就有十分强烈的感染力，我们对于质感的表现是从对自然的模仿开始的。从方法上讲，首先，是材质的选择，了解材料的物理性能；其次是讲求材质安排，进而讲究比例与空间尺度，讲究调和之中的变化，否则会显得粗糙；最后还要讲究施工工艺的设计，该精则精，该粗则粗，不能做作，力求质感达到“实为人作，宛如天工”的效果。

光的视觉质感、材料的质感与肌理离不开光的配合作用，光在一定程度上可以改变某些材料的视觉质感。光能修饰、丰富形与色，改变人对形与色的视觉感受，赋予空间生命力，创造各种环境气氛等。光还可以作为虚拟造型，建筑通常是光与实体共同作用形成的，光的强弱也会给人不同的感知体验，能显出强烈、柔和、明暗、波动、流动等状态。光源的移动可以使空间产生流动变化，也可以使静止的实体空间形成动态空间。

质感肌理主要是室内外空间中的装饰材料所呈现的不同的视觉变化。质感包括形态、色彩、质地和肌理等几个方面的特征，应主要依靠材质本身体现设计，重点在于材料肌理与质地的组合运用。金属的反射性较强，现代城市中运用金属材料修筑的大型建筑，充满时代感。住宅空间环境也可以点缀适量的玻璃、金属，突显时尚感。办公空间以大理石、玻璃为主，营造干净、简洁的氛围。而娱乐空间则多采用金属、镜面玻璃等高反射的材质，体现出空间的活泼、多变的视觉效果。园林景观中，草地的柔软和景观石的坚硬形成鲜明对比，各类乔灌木和水景互相辉映，柔化了建筑带来的生硬感。所以，景观中有软质和硬质景观之分，相互依存。

质感的协调，是指通过选择不同质感肌理的家具，加强室内装饰的效果，从而影响人们的审美心理。木质、藤制的家具自然朴素，玻璃、金属家具光洁现代，布艺家具柔软温暖，带给人们不同的美感。对于家具质感的选择，应从室内整体环境设计出发，在同一空间中宜选择相同或类似质地的家具，取得统一的视觉效果。同时，也应该指出，人们对于材质的感受也会因对比而加强。例如，将金属、玻璃等具有光洁表面材料的制品用于现代风格的环境中，正是通过毛皮、布艺等陈设的质感进行对比，加强视觉效果的。

五、环境艺术设计的形式美

尽管在形式服从功能的主张大行其道的当下，人们在评价一个建筑或是其内部空间的时候，不论出发点是不是在谈论功能，最终问题的探讨也会变相地以美学的角度呈现出来。而室内空间，作为人为建造物的主要内容，更是离不开对其美丑的评价。作为人们工作、居住的场所，更是无法脱离人在生理与心理上对其的体验感受。所以说，可持续室内环境设计的出发点是人与自然的和谐，满足生态原则的要求；落脚点是以人为本，遵循美学的普遍法则，可以说，是艺术性与可持续性的高度统一。

可持续理念在形式美的审美体验中的发展，经历了两个阶段。

①第一个阶段是室内美化运动阶段。室内美化运动指的是 19 世纪末 20 纪初，针对日益加速的城市化倾向，欧洲许多城市为了恢复城市中心的良好环境而进行的城市改造活动。人们开始对自然环境无休止地改造和设计，景观形式主义的室内美化运动不顾自然环境的灵性，形成了一种病态的形式美心理。

②第二个阶段是生态美学阶段。体现在室内环境设计中，运用了科学技术手段对室内环境升级改造，尽量保留自然的改造手法，这样人工环境和自然环境完美地融合在一起，实现了可持续发展的形式美。

从古希腊时代开始，建筑学家与美术家就一直在探求形式美的规律和原则，并达成了一定的共识。建筑与环境空间形式美法则表现为点、线、面、体以及色彩和质感的普遍组合规律，产生了诸如均衡与稳定、对比与微差，韵律、比例、尺度、黄金分割等一系列以统一与变化为基本原则的空间构图手法。形式美法则表现于建筑与环境空间，是生活空间与艺术形象的对立统一体，它们互相依存。生活空间是形式美存在的依据，形式美是生活空间存在的表现。它们互相制约。设计师根据人们对物质生活和精神生活的各种需求设计出功能形态及形式美各异的实用空间，这些空间环境反映着人们的社会意识、生活方式、消费经济、科技生产等状况，表现出设计者的设计修养及设计追求。

具体说形式美也具有情感表现性。形式美是独立存在的审美对象，具有独立的审美特性。而美的外在形式的形成和发展经历了漫长的社会实践和历史发展过程而演变为一种规范化的形式。美的形式不是独立的审美对象。美的形式

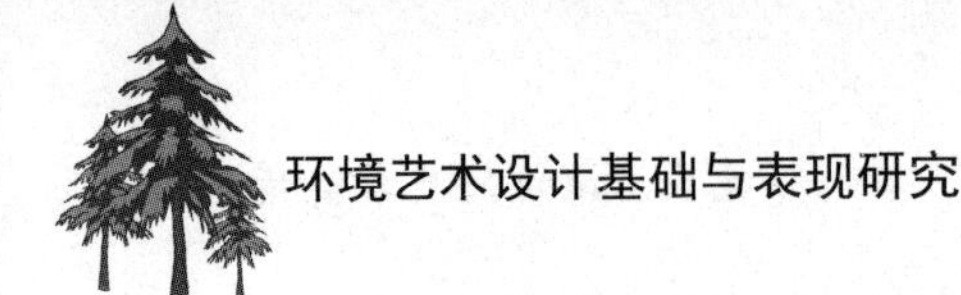

是美的有机统一体不可缺少的组成部分，是美的感性外观形态。

在室内空间中，艺术性与可持续性的协调发展正是体现了人与自然的和谐发展。室内环境设计的形式美体现在设计造型和设计风格的简单朴素、材质的天然美、室内空间的生态美等方面。自然材质的运用，可以协调人、物和自然的关系，表达出丰富细致、自然朴素的形式美，还能给人以雅致、独特的艺术美。

第三节　环境艺术设计的形式要素

一、形式多样性的统一

环境设计作品有其多样性，也有其统一性，人们从作品中能感受到形式的丰富性，也能从内容的统一性中受到感染，从整体上感觉到环境设计的秩序感。人们在欣赏环境设计作品时，还是能感受到作品的惊奇之处的，作品能遵循事物发展的规律，有其运行的主线和一定的秩序，作品的整体性一目了然。中国传统园林设计在这方面相当精彩，它们往往显得宛如天开，处处令游人惊奇，而不失内在的有序感。西洋园林显得有序得过头，日本园林有时则显得太自然。环境设计中要有设计师的情感投入，不能像解决数理逻辑问题一样理性地设计，也不能单纯地基于功能而进行环境设计，在避免作品表面化的同时，尽可能地随机照顾人的感受。

然而，这仅仅是问题的一方面，我们之所以强调多样而有序，是为了进而创造一种必要的安定感。无论如何，人总是期望能把握自己与环境的关系的。丰富不等于混乱、多样不等于繁杂。中国的文人画就很单纯，“少即多”是很符合中国人审美习惯的。单纯意味着严格地选择表现元素，用纯熟的技巧来展现艺术表现力，言出必中。换言之，在设计语言的运用上“惜墨如金”，没有废话。追求作品的单纯性并不是件容易事，表现单纯，就要见基本功、见修养，它表达的是高贵而淳朴、合乎逻辑和艺术规律的设计意念，是环境设计中的至高境界。

二、形式与内容的统一

设计作品的感染力不但取决于主题的选择、效果的多样而统一有序和作品的单纯性，而且取决于作品在现实生活中的实用价值和它自己的生命力、可持续发展的能力。艺术创作上的丑陋东西就是艺术上不真实的东西、装腔作势造作的东西。毫无意义地虚张声势、没有必要地雕梁画栋、增添外观上的累赘与设计伦理也是相悖的。事实上，这样做在现实中更会造成直接的经济损失。对作品真实性的追求就是对于功能与环境效益的追求。所设计的场所的真实性就在于它所反映出来的环境效益的明确性，除了一般的艺术问题之外，在环境设计活动中的许多方面，参考系数都是可以量化的。

创造一个真实的环境形态，设计师必须付出相当的精力去周密地思考、决策。环境艺术作品中所体现出来的可持续性发展形态是设计生命力的最集中表现。从广义上讲，它比现实的利益更为重要。当然，作品的生机还在于作品从外形到内在结构的匀称、条理和必要的动态平衡关系。

在今天的信息社会里，我们不出门便可与他人共享所需的一切信息。众多的工业产品已经构成了我们的时代特征。有创造性的作品，即有个性的作品已显得更加难得，自然也更谈不上有什么风格或学派。然而，自古以来，好的作品都是有其鲜明个性的。个性意味着特色、独到见解、有别于其他作品，在某些方面有比较深刻的探索，因此更具有自己的特殊艺术魅力。

三、设计的形式要素

形、色与质感等构成了性质相同或不同的造型元素，同时也构成各式各样的相互关系。而将这些造型要素以一种有序的方式组合在一起则成为“形式要素”的一些关系法则，或被称为“形式法则”。形式美法则主要包括对比、对称、重复、韵律等。

对比，指的是物象组合中，在形、色、质感以及空间方位上的不同程度差异，相互暗示对方的形式特征，如大—小、长—短、宽—窄、厚—薄、黑—白、多—少、曲—直、锐—钝、水平—垂直、高—低、光滑—粗糙、硬—软、静—动、轻—重、透明—不透明、连续—中断、流动—凝固、强—弱等。对比有对立、生动活泼的品质，有强调部分设计内容的特别效应。对比，不是将事物无原则地并列。如果处处有对比，整体的对比程度就自然减弱，甚至消失。只有当统一的目标达到时，方才有对比的基础条件。对比的目的性如同我们常说的“好花要有绿叶扶”这个道理。与对比相反的概念是近似或者说相似。它指的是有机地排列与布置有共同性的造型要素，以求得统一和谐的整体效果。现代艺术运动中，由俄国艺术家马列维奇提出的“白色上的白色”就是这种做法的典范。

用两种或多种同类型的事物进行比较分析，可以使被比事物更加突出，能使主题更加鲜明，使视觉效果更佳。对比代表了一种张力，强烈的反差就形成了强烈的对比。对比主要通过人们的视觉对色调、色相、方向、数量、排列、位置以及形态、形状进行对比，因此对比其实就是一种比较，通过显示事物的矛盾，能够更直观地反映出事物的本质特征，加强环境艺术设计的效果和感染力。

对比和谐的原则，是形式法则的总原则。在设计中，经常运用各种形象、色形的对比，形成矛盾对立的和谐。只有对比而无和谐，则产生松散、弱、乱的感觉；只有和谐而无对比，则产生呆板、硬的感觉。而这些对比因素要相互渗透，过渡到对比双方的中间形态，才能在视觉上感觉出来，也才能取得和谐的艺术效果。

对称是个很传统的概念，具有理性的特点。它在整个古典设计艺术中占有十分显著的地位。而轴线则是达到这一效果的主要衡量依据。对称轴两侧的任何形，都等距离地左右呼应或者以中心点为依据，等距或等角度来辐射，以限定方向性或强化中心的焦点。然而，对称的适用范围在过去被人为地扩大了，变成了一种建立统一感，实现简单控制的强有力手段。对称应用于城市设计、建筑、室内、景观设计等许多方面，如城市中心、政治广场、宫殿等。

现代设计运动的一个显著特点就是追求不对称的平衡。其基本目标就是讲求自由布局，讲究大小、形状、排列等在外观上完全一致。而比较的基准点则是两个物体相对接的中心位置，即所谓“对称轴”。假定在某一图形中，对称依对称轴不同分为上下对称、左右对称和点对称，那么相对对称就是上下、左右相对平衡，形、色、质大体相似。

对称是形式美的传统技法，是人类最早掌握的形式美法则。几何上的对称，常常左右对等。哲学上的对称，是两种相辅相成事物的中和。希腊人认为对称主宰世界的一切。庄子认为：天地之美就是万物之理。万物之理最突出的一点就是对称性。而儒家认为这是“中庸之道”。

重复就是将具有同样性质的要素反复地使用。重复也就是强调。音乐在时间差异和间隙上做文章，空间艺术则是在与尺度有关的空间关系上做文章。重复意味着有序、有规律。重复加上渐变则在统一与协调中找到了变化。这种变化中的秩序，可以做定量分析。常说的比例、尺度关系也可由之而产生。所谓平衡是一种中和状态。各种造型要素相互抗衡以达到视觉的平衡。决定平衡的因素是重量感和空间的方向感。结构力学的形式往往很说明问题。一般，我们说对称平衡与不对称平衡。前者讲求焦点，形式上稳定，情绪上肃穆；后者则讲求重量对比的关系，其结果是灵活、易于接近而开放的。比例是一种份额关系。

其间有长有短、有高有低、有大有小。比例是局部相对于整体关系的基本单位。在空间设计中，比例是统一各种造型要素的无形的媒介，有着普遍意义。黄金分割比、正方形、圆形和等角三角形就是运用比例的经典例子。

韵律是一种音乐的概念，指的是音乐的强弱变化关系。而这种所谓的变化有其自身的秩序，韵律则是这种运动中的秩序的代名词。在自然景观的山山水水中，我们能看到这种秩序，这种形与色的、有规律的连续起伏，而我们的视线随之而移动，在其中感到的是一种有序的、有内在原因的变迁。韵律的本质不是基本单位的重复，而是彼此间的某种内在关系的有序的再现。在现代艺术中我们常常看到视觉艺术家将漩涡、流动、疏密、方向等概念用形与色和质感有序地表现了出来；在建筑设计中，设计师将空间的安排赋予一种节奏，以形成律的效果。韵律赋予作品以生气，从而吸引人们的注意，便于使用者理解空间，体会所在的空间艺术品的相应情趣。动态平衡是很多现代空间造型艺术作品所追求的基本目标。城市、景观、庭园、建筑单体和建筑的内部空间是静态的，但是人的活动，尤其人的心理活动让空间艺术作品动了起来。观察者的感受赋予空间艺术作品以意义，因此，讲求变化是设计活动中的基本道理。

韵律首先是交错的韵律、自由的韵律，或间距的规律性，其次是韵律节奏的合逻辑性。建筑艺术中，群体的高低错落、疏密聚散，建筑个体中的整体风格和具体建构，建筑体量大小的区分，空间虚实的交替，构件排列的疏密，长短的变化，曲柔刚直的穿插等变化，有序的柱列，空间的迂回曲折都有其“凝固的音乐”般独具特色的节奏韵律。韵律是在各种不同方式变化中产生的。有意识地利用变化中的节奏，有所强调和控制并与整体融会和谐，自然会显现出韵律。有韵律的构成具有积极的生气，设计艺术中点的大与小、整与散、不同形式的排列能产生韵律，运用线条的曲与直、粗与细、起与伏也能产生节奏感。而具有方与圆、长与短、高与矮的不同的形和不同的面都可以形成视觉统一的整体。当大点与小点以聚或散的形式同时在一个面上出现时，大点有近的感觉，小点会给观者远距离的感受。“近大远小”产生出一种空间之感，在这个空间中线的曲与直、粗与细的排列组合，使人感受到设计艺术语言中所产生出的抑扬顿挫的旋律变化。

第四章 环境艺术设计的语言解析

人类通过语言来进行沟通交流；舞者通过肢体语言来表达舞蹈的内涵；音乐家通过音符谱曲来传达情感，这些都是这些行业中的专业语言。而对于环境艺术，其研究的对象是空间环境，环境艺术设计师需要对空间环境进行清晰准确的描述，让人们感知空间。本章分为环境艺术设计的语言基础、环境艺术设计的基本语言两部分，主要包括实体与空间、实体与空间的关系依据、空间的围合、空间的尺度、空间的调节等方面。

第一节 环境艺术设计的语言基础

一、实体要素与虚体要素

环境设计的要素概括来说只有两个：一为实体要素，包括一切我们能够触摸和观看的，具有物质形式的要素，比如建筑物、道路、桥梁、公共设施、绿地等；二为虚体要素，指不具有物质形式，也无法触摸的要素，比如空间。

作为观看对象的实体要素，是环境设计中重要的造型因素。纵横交错的道路，规整的房屋或城市，彩色的建筑外观和绿地，还有具有丰富质感的各种人工或自然材料，它们赋予了环境设计的形式美，是环境设计主要的观赏对象。但这并不是环境设计的全部，甚至也不是环境设计的真正意文所在。中国《老子》一书中曾经写道：“凿户牖以为室，当其无，有室之用。”意思是对于房屋建筑来说，窗户和门这些实体都不重要，重要的是其中什么都没有的空间，它才是“室”的使用价值所在。这一思想给了后来美国建筑师赖特很大的启发，他将环境设计从实体的装饰转向了空间的营造，从而开了现代设计的先河。因此，对于环境设计而言，虚体要素是最具有使用价值的，这也正是产品设计与环境设计的区别所在，产品设计是设计空间中的要素，它的意义与使用价值都

在实体本身，而环境设计是设计空间本身，它的意义与使用价值在实体之外，即通过各种物质技术和艺术手法去创造令人满意的空间和空间组合，这种空间，并不限定在建筑内部，也指包括城市、街道、广场、里弄、公园、游戏场等，经过完全围合或不完全围合的空间，都是环境设计的对象。

环境设计的虚体和实体要素，是一种共生互为的关系。首先，虚体是相对于实体而言的，没有实体就没有虚体，环境的空间设计是以墙体、构架、水体、陈设、绿化带等实体要素为依据，对空间进行规划、围合或分割的。比如城市的区域空间因具体的节点（交通枢纽或标志性建筑）而划分，建筑内部的空间由实在的墙体、门窗和家具等呈现，广场也是有形建筑物以及树群之类的围合。其次，实体因虚体而获得意义，实体在环境中的意义是由虚体来联系和说明的，没有空间，实体要素就失去了作为环境的意义。比如单独的自然要素、公共设施以及门窗、墙壁都不能作为环境设计，只有当某一空间选择了它们，才因此成为环境设计的一部分，桥梁、纪念碑、喷泉、树群等成为环境设计一部分的原因即在于此。另外，我们也可以理解作为环境设计的家具设计必须和特定的环境相关，也即只有为特定环境所选择和设计的家具，才是环境设计的一部分，否则就只是产品设计，比如现代设计大师柯布西耶只为建筑设计家具，要理解他的家具设计，必须先理解他的建筑，这就是一种作为环境设计的家具设计。因此，环境设计中的虚实是相生的，虚体要素因实体要素而存在，实体要素因虚体要素变得有意义，环境设计师必须透彻地理解并处理好二者的关系。

二、实体与空间

环境，尤其城市环境是以建筑为主体的人为因素的综合体，作为人类介入与改造环境的产物，它比一切原始的自然环境更依赖于空间与实体的相互作用。

所谓空间与实体的互动生成，绝非简单的围合与分隔所造成的实体与空间的相干性。从更深层的意义方面，二者是互为条件的伴生体，环境的形态和意义在二者的相干过程中呈现出来。

（一）空间——行为的容器

现代建筑思想将空间作为建筑与环境创造的基本对象，其中包含对环境作为人类活动情境的深刻认识。当然，将机械的不加区别的功能等同于人类活动需求本身及在此基础上发展的功能主义教条，则歪曲了空间作为行为容器的本质内涵。

环境创造的根本目的是创造为人使用和参与的场所，一个特定的空间只有在吸引了特定行为参与的时候才成为场所，所以，空间是行为的容器。人们置身于空间中生活、交谈、休憩，因而有居住场所、聚合场所、休憩场所等，生活，以及构成生活的各种行为是空间意义的基础。

然而，空间作为行为容器的性质不应该在原始的容器的意义上来理解，因为空间所容纳的行为是社会性的，因而具有极其复杂的品质。空间对行为的容纳不仅限于容纳人口或满足简单的功能，它必须满足人类的更深层的生活需要，适应各种不同行为。这一点是城市环境艺术设计作为一个学科存在的依据。

（二）实体——意义的载体

实体是空间塑形的基础，根据实体与行为的关系，实体分为柔性实体和硬性实体两种。树木、花草、水体等同为具有行为的可介入性和可塑性而显示为柔性实体特征；硬质地面、墙体等则塑造出坚实的空间界面，这种实体形式因为具有对行为的强规定性并显示出明显的作为实体的性质，为硬性实体。

实体本身具有不可介入性，但由于任何有意义的空间最终都是实体组织的产物，因而实体是一切空间形象形成的基础，它决定空间的形状、尺度、气氛、质地等可以被感觉感知的方面，这些方面同人的空间经验和文化传统相结合，成为空间意义传达的基础。一堵高的围墙表明对横向穿越的禁止，一把条椅则提供一个可以休息的空间；粗糙的清水混凝土饰面具有冰冷而粗犷的特点，红色的砖墙则给人以温暖、亲切的感受；光洁的墙面和简练的节点处理承载着现代空间的信息，多槽的石柱则使人记起从古希腊到19世纪的西方建筑传统。

实体的意义传达一般通过以下途径来实现：①行为的限定，通过围护、阻隔、连接等手段来规定行为的可能性；②知觉心理的刺激，通过材质、尺度、色彩、工艺等来影响知觉心理；③符号的指示。

通过具有特定意指的形态和组织方式来表达特定意义。如圆形和方形的有秩序的结合，在中国人心中容易引发天圆地方的意义联想。

（三）心理空间

对于空间感知的认识，据心理学研究，人的空间观念是经过各种感官，由互不相关到互相协调，从了解外物的永久性到体察物我关系后才确定的空间存在。而这种空间观念经历种种身体运动的经验，才由以自我为中心变为客观世界的空间，没有身体运动的经验就谈不上客观的知觉。运动现象可分为两类，即静的运动和动的运动。静的运动是不可视的运动；动的运动是可视的，是行为的综合。物理空间的判断离不开身体运动的经验，心理空间体察则离不开静

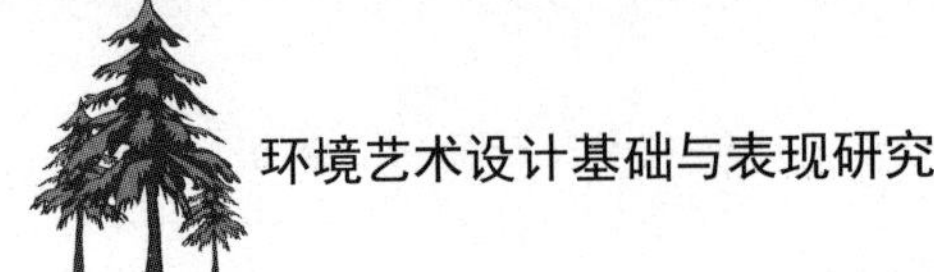

的运动知觉。心理空间没有明确的边界，但人们却可以感受到它的存在与实体相关，由具体的实体限定而构成。换言之，所谓的心理空间，即实体内力冲击之势（即内力在形态外部的虚运动），故而空间感与实体有关，是借助于物理空间被创造的，“势”是随空间变化的能量，势的作用范围可以通过“场”进行描述。如何才能扩大心理空间的控制场呢？一般是利用人们的视觉经验，创造出注视点的运动，形成晶体状屈光度的变化。

（四）物理空间

物理空间是指实体所限定的空间、可测量的空间，是空隙或消极的形体。物理空间具有明显的轨迹，主要是通过“分隔和联系”“引导和暗示”创造出空间的渗透性的，使其流动而得以扩展空间。物理空间与心理空间是一个统一的整体。立体构成的空间概念给了我们足够的范围去想象和创造，可以利用各种材料限定空间，构成一个或多个最小的物理空间，呈现出几何形态，通过立体构成法则进行形体之间的重复、叠加、相交、贯穿及切割，塑造出完美的组合形态。

立体构成的理论同样适用于环境艺术设计，在环境艺术设计中所谓的“环境”就是一个空间的概念，同样也包括心理空间和物理空间。环境艺术设计师为了划分室内外功能区域，借助楼梯、踏步或高台，将人们有效地分流到所要到达的目的地，楼梯或踏步同样也可以起到心理暗示和引导作用，暗示另一个空间的存在。

（五）环境艺术的维度

空间与实体在环境设计中是一对互为条件的要素。实体因为对空间的塑造而具有环境基本要素的实质，从而有别于雕塑所采用的实体形式，成为人置身其中的空间的规定者。抽象的空间只是无意义的虚空，环境艺术设计中的空间由参与环境整体构成的各种实体来加以限定，实体的形态和相互关系具体规定了环境的氛围、可以承载的行为、作为符号的意义以及与周边环境的关系。

在设计中，实体与空间的关系反映为各种获得空间形式的方法，一般可以从以下三个角度来把握实体与空间的基本关系。

1. 形态关系

形态关系是指构成环境的形式的基本要素的相互关系，即形式是如何形成的。它所关注的是地面、墙体和顶面的具体结构，或者说是研究空间界面之间的关系，这种关系中包含着尺度、色彩、质感及其他形式要素的综合作用。

2. 拓扑关系

拓扑关系表明空间的秩序，在环境设计中即“空间的组织”。在城市尺度上，空间组织的基本元素为中心、路径和区城，而在较小尺度的环境设计中，这些基本元素则表现为场所（点）、道路（线）和领域（面）。其中，场所是通过实体的塑造而能够吸引活动的空间，领域则是通过对实体空间的分隔而占有的空间。无论环境设计所选用的形式如何，最终必须赋予这些基本要素以良好的关系，才能保证其成为优良环境的基础。

3. 类型关系

类型关系关注环境中的模式现象。我们总是将事物划分为有限的类型，以便于把握，环境的类型表明环境的相对稳定性，它们并非是无休止变化的。在城市空间把握上，克里尔将西方城市空间的基本类型归结为广场和街道，广场和街道的复杂组织形成西方城市空间的基本格局。相对而言，广场空间在中国传统城市或更小尺度的聚落空间中基本没有形成足够有力的表现形式，而另一种围合的空间形式——院，却在各种形式的人为环境中占据着重要地位。

三、实体与空间的关系依据

（一）自然环境

一方面，自然环境是人为环境创造的基础和参照，先民从参与自然环境的经验中形成围护、联系、道路、区域等空间概念，从而具备了创造人为环境的基本能力；另一方面，自然环境是聚落、城市或建筑的背景，城市环境和聚落环境与广阔的自然环境形成一个复杂的环境系统，自然环境是人为环境创造的前提和基础。因而，自然地貌、景观、氛围也总是影响着环境的建构。

优秀的环境规划通常能够建立与自然环境的协调关系，其中以中国传统私家园林表现得最为突出，其所创造的环境与自然水乳交融，难分彼此。从审美或现代生态学的角度来衡量，具备这种品质的环境设计无疑都是人类环境设计登峰造极的杰作。此外，一些经历了漫长演化过程的村镇聚落，通常也具有与地理景观相融合的形态特征，其空间格局往往依山就势，与自然景观浑然一体。

相对而言，西方城市环境设计的人为色彩更为突出，硬质景观和各种具有明显人为痕迹的实体在空间的创造中占据了主要位置。这种环境建构显示出人类伟大的力量，但在人类面临诸多困难的今天，却显然不是唯一的和理所当然的选择。

当代环境设计正在重新赋予自然以核心地位，从麦克哈格的《设计结合自然》发表以后，将与自然的融合与协调作为环境设计的价值核心的原则逐渐确立。最近十几年，伴随可持续发展概念的提出和生态建筑学的发展，结合自然的环境设计已经成为极受重视的设计原则。

（二）秩序

秩序是人类的一种基本心理需求和文化的基本特征。从城市环境的角度来看，秩序实际就是环境的可把握性和可理解性，或者用凯文·林奇的说法，就是城市的可意象性。那么，如何才能建立环境的秩序呢？这里涉及以下几个核心概念。

1. 环境的重点

必须明确实体和空间形成的环境链的重点所在，譬如在空间中经常涉及的视觉焦点以及各种支持活动的场所。

2. 要素关系的明确

故宫通过强烈的轴线所建立的建筑组合的等级次属和序列关系，有效地突出了轴线对空间的控制。控制环境构成要素关系的方法有很多种，环境设计的不同维度即包含着不同的控制环境要素关系的方法。

3. 有限而明确的意象

意象是人类理解环境的基础，过于繁杂或模糊的意象容易导致知觉把握的困难和意义的混乱。西方园林设计经常以规整的几何形的修剪、整齐的花木和规则的构筑物来强化环境的秩序意象，而中国传统园林的构成和格局虽然较为复杂，但回归自然却是极为明确的环境特征。

4. 联想—象征

对环境的解读不可避免地将涉及意义的理解，因而通过图形、符号的象征性及由此引发的联想，可以帮助人们整合环境印象，明确环境秩序。臂如天坛的整体布局中所采用的方圆结合的形态，很容易被理解为天圆地方的符号意义。又如三角山花是古希腊建筑最具特征的构图元素，后来也就成为古典建筑的重要符号之一，即使在现代建筑中运用也容易导向对古典秩序的联想。

（三）空间行为与环境心理

环境的主体是人，因而环境设计的优劣往往可以通过对其与空间行为适应性的考察来加以衡量。

空间行为通常有模式化的特征，这与文化心理的稳定性相吻合。人们在空间中的活动方式并非总是随机的，它们表现出特定的趋向并受文化传统和生活方式的影响。如行为心理学研究所提示的“边界效应”，表明人们倾向于在实体边界附近聚集活动。又如“近接效应”是指相互接近的活动场所可以有效激发活动水平的提高。根据这些空间行为的一般规律，环境设计中的一些原则就可以建立起来，如“边界效应”可以导向“边界作为活动的支持”的设计原则，而由“近接效应”则引向出入口和各种活动场所等行为集中点在空间距离的接近和范围的交叉。

在中国传统城市极为常见的胡同空间中，接近人的空间尺度和相互接近的出入口分布营造了一种祥和亲切的环境氛围，而北京长安大街上建筑的巨大尺度和入口的相互疏远则拒绝了人与边界的亲近和来自不同场所的活动的交叉和叠加。

因此，人们在环境中的行为趋向及相关的心理需求，必须作为环境设计的基础来加以重视。城市环境能否与生活在其中的人建立良性的互动关系，关键也在于环境的设置与空间行为和环境心理的相融性。

（四）情境

环境艺术设计是在具体情境中的创造，构成情境的因素很多，包括所在地域的地理特征、文化传统、气候条件、历史渊源等。环境艺术设计不是抽象的创作，它同与环境关联较少的绘画等艺术门类不同，其品质优劣在很大程度上要根据与所在情境的谐调程度来加以判断。

当代建筑思潮对情境的关注表现为多种不同的形式，有如下几种。①乡土主义。关注特定地域中形成的环境建构的模式和方法。②象征主义。注重对文化符号的引用与演绎，以获得与历史的联系和理解的普遍性。③类型学。关注城市历史，通过类型的延续来寻求新建环境与城市历史的接轨。④生态建筑学。关注生态环境的平衡与可持续性，从而在事实上要求与特定情境下的具体条件相结合的设计操作。

第二节　环境艺术设计的基本语言

一、空间的围合

围合是空间形成的基础。建筑空间是由墙体、地面、顶面等围合而成的空间，城市空间则是在更大尺度上的围合体，其构成元素和组织方式更加复杂。无论西方或中国传统城市，城市空间的围合性都非常突出，而现代城市则因为忽略了城市空间作为提供庇护与认同的场所的本质，过分强调单体和城市的机械功能，从而造就了零乱而缺乏意义的畸形城市空间。

缺乏围合的空间因为没有可识别的实体约束，难以显现明确的意义。譬如现代城市规划理论中的“开放空间”概念，这一概念过于强调空间的开敞性，所以，按照这一概念进行的环境设计固然可以得到阳光、空气和绿色，而空间的实在性却消失了，由于不能提供具有保护感的围合场所，城市环境几乎沦为“人造沙漠”。

围合的形成方式和构成元素是多种多样的，可以是一般人们常见的建筑物、构筑物或植物的围合。各种不同强度的边界形式也有助于空间灵活地划分，并使空间具有不同的围合程度，如水面高差，植物、地面材质的变化。硬质和软质的两类景观元素均可以作为围合的手段。

围合感的形成与围合度有密切关系，而影响围合度的因素很多。一方面，实体围合面达到 50% 时可以建立有效的围合，单面或低矮的实体则通常只被作为“边沿”来理解。这种边沿对领域的规定不具有强制性，更多是一种空间划分的暗示，要发挥作用必须依靠特定的社会约定对此类空间按规定划分。另一方面，空间围合感的形成也与特定空间的尺度及其与周边环境要素的对比关系密切相关。研究表明，欧洲城市广场的尺寸一般在 190 ft×465 ft，按照这个尺寸建造的城市广场通常可以具有良好的使用效果，而超出这个尺寸过多的广场则容易使人感觉过于空旷而缺乏安定感。考虑到广场是城市空间中占地最为广阔的空间类型，这里所提到的这个一般尺寸也应该被视为其他各城市空间形式的尺度极限。

讨论空间的围合感，同时应当考虑到空间实体的高度与人体的尺度关系。以普通的墙壁为例，在 30 cm 高度时，只能勉强区别空间区城，几乎没有封闭性，它暗示所划分的两个区域是有区别的，即不对穿越行为进行硬性限定。同时，这个高度作为搁脚的高度，可以提供临时的休憩设施。60 cm 的高度与

30 cm 的情况接近，但空间的限定度稍高一些。达到 1.2 m 高度时，身体的大部分都看不见了，有助于建立一种安定感，当在其下设置座椅时，可以保证背后不受监视。在城市外部环境中，经常采用这个高度的绿篱来区分空间和作为独立区域的围合体。在 1.5 m 的高度上，除头部以外的身体各部分均被遮挡，封闭感已经相当强了。当达到 1.8 m 时，空间的封闭感急剧加强，水平视线完全被阻挡，区域的划分完全确定下来，这种尺度关系不仅仅限于砌筑的墙体，在环境设计中运用植物之类偏柔性的元素作为分隔的实体时的情况也可以参照这些基本关系。

另外，实体的高度（H）和实体的开口宽度（D）的比值也在很大程度上影响到空间围合的程度。当 $D/H < 1$ 时，缺口作为出入口的意象较强，带来了想通过它进入另一个空间的期待感；当 $D/H = 1$ 时，可以取得不同的意象，关键在于缺口宽度延伸的长度；当 $D/H > 1$ 时，尤其 D 超出 H 较多时，缺口的纵向引导能力减弱，反而成了横向延展的开口，空间的封闭性也就大大减弱了。

利用以上所提到的这些关系，可以综合运用环境艺术设计中的各种要素来形成各种不同围合程度的空间。

二、空间的联系

城市外部空间的感知不仅通过固定立足点的观察获得，而且必须通过不同的空间局部之间的联系建立一种连续的印象，使人们可以拼合各个局部意象来建立整体意象。

西方城市环境的建构一般通过不同的空间局部，共同形成一定的易于观察的形体，建立相互之间的联系。因而，空间与实体的图形、主次、轴线，以及建筑形态的统一往往极受重视。凡尔赛花园通过几何形的栽植和强烈的轴线建立了一种精致而易于理解的图形，这一图形成为环境整体秩序的根本保证，所有的元素、局部通过这一图形来确定彼此的关系。很多欧洲传统城镇的街道中的建筑形态相互接近，或者具有整齐的檐口、共同的构图形式和细部设计，所有这一切显然非常有利于在不同的建筑之间建立联系，也是明确空间整体意象的有效方法。在较小尺度上，如一处庭园或广场，则可以通过突出一个视觉中心，使其他实体和空间局部附属于这个中心来调理关系。譬如在威尼斯圣马可广场的整体格局中，圣马可教堂以及钟塔的形态极为突出，从而有力地控制了整个广场的构图。

中国传统环境观念则更多地通过形式的统一、环境的渗透、景物的借对，

以自然有机形态的创造来建立空间的联系。一般而言，传统私家园林没有明显的视觉中心，空间序列感也不突出，不强调轴线关系，但近乎自然的形式组织却充满活力与趣味，可以保证建立一种统一的印象。其中建筑多采用灰色调或突出材料本色，从而使建筑可以很好地与林木山池作为主体的环境相融合。

各空间之间有联系的元素在环境联系方面的作用十分重要，它们具有从一个主体空间到另一个主体空间的过渡作用。具有这种效果的元素有很多种，如台阶、阶沿、路径、绿化带、构筑物等，均具有从一个场所到另一个场所的过渡作用。

我们以住宅区的环境设计为例。在住宅密度较高的地区，尤其在我国多数城市住房多为单元式的情况下，由于很难形成与住宅相结合的庭园，与住房相结合的道路、广场、庭园和绿地的设计就变得非常重要。它们必须为各住房单位建立必要的视觉和心理上的联系，以便形成有吸引力的景观，并引导人们参与社区公共活动。如果住宅与道路之间缺乏联系，道路将成为无人愿意涉足的冗余空间。相反，如果将狭窄的道路与广场或庭院结合设计，同时在道路中创造更多的可以停留、欣赏的空间景观，就可以在住宅间建立更有效的视觉和心理的联系。同时，由于提供了有效的交际场所，人们在这里的汇聚更能从行为上保证社区内部的联系。由此而形成的空间过渡不仅具有视觉景观的价值，也具有很高的社会价值，可以有效促进社区意识的加强和局部社会的整合。

三、空间的层次

在外部空间的构成当中，其空间有单一的、两个的和多数复合的等，不管哪种情况，都可以在空间中考虑顺序。

建立这种空间顺序的方法之一，就是根据用途和功能来确定空间的领域。因为即使是同一景色，由照相机的取景框望出去，有时候景色就会变得非常美丽、紧凑，外部空间构成上，可以把视线收束在画框之中，使远景集中紧凑，给空间带来变化。中国古典园林中的“借景”，就很好地运用了这种手法。

设计外部空间时，一开始就给人看到全貌，给人们以强烈的印象，这是一种方法；而有节制地不给人看到全貌，以便使人有种种期待，采取可以一点一点掌握的空间布置，这也是一种方法。可以把两者结合起来，一方面带来强烈的印象；另一方面又能创造丰富的空间，是不错的手法。

空间的联系和分离产生出空间的层次。空间层次的组织，一方面，可以按照传统的构图理论来进行，利用轴线、对位及其他组织方法，形成空间、大小、形状、组成色彩、质地等方面的差异，从而形成空间的层次感，这种方法主要着眼于环境整体通过视觉感知所形成的等级秩序。此外，还可以从行为心理和社会心理的角度寻求空间层次与人类生活深层结构的对位，建立起与环境认知结构相吻合的空间结构，其中最具代表性的方法是基于领域层次概念发展的空间组织方法。

（一）空间视觉层次的组织

空间视觉层次的组织不仅仅限于寻求某种特定的造型，而是利用视觉感知来形成一定的空间印象，并创造独特的环境氛围。以北京故宫的空间布局为例，其中充斥着大大小小的门道和院落，从前门开始，直到太和殿，不同尺度的空间与实体层层铺陈，形成丰富而庄严的视觉效果。千步廊所限定的狭长逼仄的空间预示着一个威严、肃杀的空间序列的开始。高大辉煌的天安门、端门、午门、太和门沿轴线一字排开，彼此之间则形成由小及大、尺度不等的庭院。建筑形式同时由封闭而渐趋开敞，至太和殿而形成高潮，金碧辉煌、尺度巨大的太和殿成为层层渲染的威严气氛的定音符。面对这样的空间，任何人都不难体会到皇权的严肃与至高无上。

利用实体的尺度和形式可以有效地区分空间的主次，具有巨大体量和特殊形式的实体元素往往暗示着相关空间的重要性。空旷广场上的一株高大树木或具有足够视觉冲击力的雕塑，往往可以确定广场的重心。

由实体围合的空间的尺度和形式也是决定空间层次的主要因素。与一个较大空间相邻接的小空间通常会被理解为大空间的附庸，而狭长的道路空间也通常被作为两端开阔空间的连接部分来看待。一般而言，形式突出、尺度较大的实体或空间在环境整体印象中占据着更加重要的地位。当然，如果一个空间或实体具有非常突出的形式，即便其尺度相对较小，也往往能够从环境中脱颖而出，成为环境的主角。

视知觉的研究表明，一个环境要素能否获得支配地位，关键在于其形式的突出性和完整性。形式突出的空间和实体在视觉印象中显示出“图”的性质，而周边环境则构成其背景——“底”。在设计中，利用图底分析可以有效地把握空间的主次关系，从而确定环境设计的重心及其形式。

利用材质、色彩和分隔的变化也可形成空间层次的划分。空间的视觉层次组织的核心就是如何对主次、普通与独特、序列的展开与收束、轴与侧的关系进行处理。

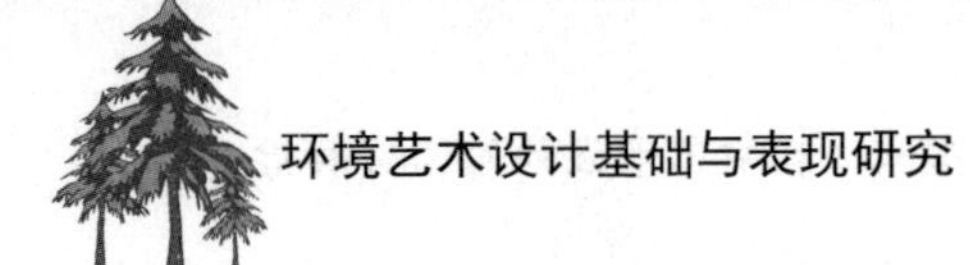

（二）领域层次的组织

领域是指人在事实上或心理上占有的一定范围的空间，根据占有空间范围的社会单位的不同，可以划分为个体的领域、家庭的领域和社会群体的领域等不同类型。城市环境设计经常要满足不止一种类型的领域要求，如在进行城市公园设计时，一方面，应当提供个体需要的休憩场所，这种场所只有在保证个体所需的个人领域时才能被经常使用；另一方面，城市公园又是城市社会共同的领域，在总体上应当具有开放的空间结构，以便与城市相融合并符合其作为城市公共空间的属性。

一般将领域区分为公共领域、私密领域和半公共半私密领域三个层次，这三个层次必须通过空间划分的对应才能为知觉所把握。公共领域是为社会群体所共享的空间；私密领域则为个体、家庭或某社会单位所专有；半公共半私密领域是二者的过渡。但不能简单地将三者从空间上完全割裂开来，事实上这些领域层次经常是重叠和嵌套的，譬如在广场之类公共属性突出的城市空间中，同样应当考虑个体占有领域的可能性。欧洲的一些城市广场的周边建筑经常有柱廊，立面富于凹凸变化，这些空间形式可以帮助人们躲避风雨，为人们提供庇护，在其中人们可以寻找到一个较小的不受侵犯的空间范围，因而很受欢迎。对于庭园和住宅区的公共空间设计，也要求对个体的更多关注。

领域感的确立依赖于明晰的边界形态，有明确边界的空间的结构更容易把握，领域属性也更容易确定。对于私密领域，边界设置应当保证空间的相对占有，住宅空间一般以空间的严格围合来确保空间的私密性。公共场所中的休憩空间和小范围交际场所，虽然对边界限定的要求不这么高，但明确的边界仍可以确定空间的安定性，保证活动的发生。所以一处有围合感的绿篱形成的小空间，可以成为休憩和交谈的良好场所，人们也更喜欢依附于一定的实体停留和交往。

公共领域在总体上要求开敞的形式，但如果没有足够的边界围合，一方面会失去空间的限定感而丧失意义；另一方面也会因为缺少人的参与而缺乏生气。现代城市中大量所谓“开放空间”的致命缺陷就在于这一点。半公共半私密领域是公共领域和私密领域之间的过渡部分，明确却不对视线形成过多阻隔的边界形式有助于其作用的发挥。

四、空间的尺度

城市环境设计的尺度同建筑设计的尺度一样，都是基于对人体的参照。对环境尺度的控制是保证环境认知的重要方面，一般来讲，过大尺度的空间或区域划分往往因为边界意象的模糊而造成知觉的困难。一般可从以下几个方面来理解环境设计的尺度。

（一）人体尺度的应用

尺度本身就是以人为标准的，在古代度量单位取决于人体某部位的长度并延续使用至今，“尺度意味着人们感受到的大小的效果，意味着与人体大小相比的大小效果”。由小到大，我们可将其分为近人、宜人、超人三种尺度。近人尺度，人易感知并把握全局，如矮小的家具等；宜人尺度，使人感到亲切，如花架等；超人尺度，易使人感到压抑、震撼，体现了人改造自然的力量，如体量巨大的纪念物、教堂等。只有注重尺度设计，寻找一个给人正确尺度的参照物，才能与人固有的知觉恒常性相吻合，从而使人正确感知环境。

空间的围合状态大致可分开放与封闭两种，一般以围合物高度（H）和间距（D）定量空间性质，一般认为，当 D/H 小于 1 时，围合实体相互干涉过强，易产生压抑感；D/H 介于 1 和 2 之间，使人感觉内聚，安定而不压抑；D/H 大于 2，空间有离散感。实践证明，当人与人之间的距离小于人的高度时，会产生密切的关系；又如台高等于 1.2 m，两者之间的比等于 1 时，会产生一种均衡关系。根据以上的比例关系，建筑师卡米洛·西特做了有关广场大量的阐述，他说：“广场的最小尺寸等于主要建筑物的高度，最大尺寸不超过其高度的两倍。”

（二）个人距离

假设人的身高为 1.8 m，用 H 表示人的身高，用 D 表示对面两人的距离。当 D/H ＜ 1 时，二者就表现出较强的亲密性，随着距离的进一步缩小，亲密性逐渐加强。60 cm 左右的距离可以形成一个属于二者的私密领域，他们可能发生身体的接触，而第三者不可能从他们之间穿过，通常会自动远离这个范围。如果对面两人之间没有极其亲密的关系（如恋人关系），小于 60 cm 的空间距离是很难被接受的，因为这样小的距离已经不可避免彼此间身体的相互接触。当 D/H ＞ 1 时，空间的亲密性逐渐减弱，一般在 D/H ≥ 2 时，也就是距离在 3.5 m 以上的时候，对面的人形成密切交流的可能性已经变得很小了。因为公共场所的交流活动多发生在不相识的人们之间，环境的设计应当保证交流能够发生，同时又不过多侵害个体的领域需求，以免因拥挤而产生焦虑感。一般情况下，在涉及休憩区域的设计中，保证人们可以占有 60 cm 半径以上的空间范围是必要的。

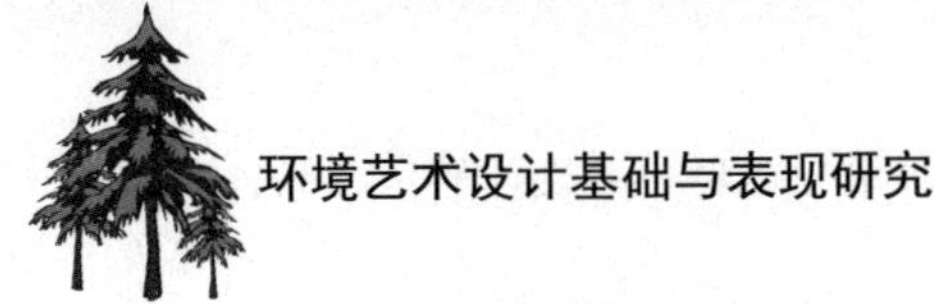

（三）空间的知觉尺度

作为空间的感受者人直接与物发生作用，人物距离的大小影响人的知觉作用和结果，一般认为：20 ～ 30 m 可以清楚识别人物；100 m 以内，作为建筑而留下印象；600 m 以内，可以看清楚建筑及建筑轮廓；1200 m 以内，可作为建筑群来看；1200 米以上，可作为城市景观来看。日本学者芦原义信先生提出了“十分之一”理论，即外部空间可采取内部空间尺寸的 8 ～ 10 倍的尺度，以及外部空间可采用距离 20 ～ 25 m 的模数。中国古代风水强调“百尺为形，千尺为势”“积形成势”“聚巧形而展势”，提出了中国古代的环境尺度观念，这是人们在对自然感知的过程中，经过深刻的抽象思维而形成的外部空间设计理论。

（四）社会距离

当距离在 20 ～ 25 m 时，人们可以识别对面人的脸，因而在这个范围之内的人们有明显交往的可能性。这种交往主要是社会性的，不是两个人之间的私密性交往，因而与这种交往相对应的空间距离被称为社会距离。

事实上，这个距离也同样是人们对这个范围内的环境变化进行有效观察的基本尺度。如果每隔 20 ～ 25 m，空间内有重复的节奏感，或是材质有变化，或是地面高差有变化，那么，即使空间整体尺度很大，也不会产生单调感。所以这个尺寸可以被看作外部空间设计的模数。空间区域的划分和各种水池、建筑小品、雕塑等的设置都可以以此为单位来进行组织。

日本驹泽奥林匹克公园是按照这一模数进行设计的典型实例。其中中央广场的尺寸约为 100 m×120 m，是一个较大的外部空间。设计师在中轴线上，每隔 21.6 m 配置了花坛和灯具，这种处理方式一直延续到水池中。通过这样的设计，打破了空间的空旷感和单调感，在形成节奏感的同时也提示空间的整体性。

20 ～ 25 m 模数是在古今城市建设经验和现代行为心理学研究成果基础上的总结，具有广泛的应用可能性，也就是说，这一模数适用于广场或公园空间。据研究表明，对于不作为主干机动车道的街道，其宽度一般以在 20 m 以下为宜，这个距离可以保证两侧建筑的联系更加紧密，形成小尺度的宜人的街道空间，吸引人们参与街道中的公共活动。

五、空间的文脉

环境艺术设计所处理的对象是城市整体环境的一个局部，这些局部不应脱离城市环境整体，只有融会于城市整体环境之中，它才能获得长久的生命力和强烈的表现力。因而，环境艺术设计必须关注的一个问题是如何与城市周边环境建立有机的联系。

所谓文脉，从广义上讲就是文化和文明的脉络。对于环境艺术设计而言，文脉主要是指设计对象所在区域的自然的和人文的环境，其中包括区域环境的特征、历史、建筑和文化传统等诸多方面的内容。把握文脉的方法有很多种，这里只介绍三种主要方法，即与周围环境的谐调、城市历史元素的引用和区域印迹的保留。

（一）与周围环境的谐调

与周围环境进行谐调的关键在于保持环境的整体性和连续性，也就是说，新建环境必须与原有环境构成整体。一个新的环境规划应该能够融合于原有的环境，并成为环境整体中的优化元素。

一般的方法是在风格和形式上与周围环境保持一致或明显的联系。如文丘里设计的大不列颠美术馆新馆，就通过对老馆形式风格的借用与原有环境建立了统一关系。当然，谐调并不意味着彻底的沿袭，只要保证形式关系的可识别性，一定的变化反而有益于环境的优化。在原有环境质量较差的情况下，这种变化是必须的，即便在原有环境已经非常出色的情况下，一定的变化也是有益的，因为环境的演变脉络可以从前后形式的差异中得到显示。

另一种方法是通过新建环境与原有环境的对比来建立整体的谐调。如英国建筑师福斯特在法国尼姆市的罗马神庙旁边设计了一个透明的玻璃体作为新建的美术馆，空透而光亮的玻璃、纤细精致的钢制构件和现代、简洁的形式与周围的石头建筑形成鲜明对比。但因为玻璃的透明性的淡化，新建筑的体量感很弱，其形体在一定程度上被虚化了，因而与原有历史建筑确定的景观格调没有不谐调之感。这种方法在古建筑修复和历史地段的建筑设计中也很常用，其目的是显示历史年代的差距，因为新建部分与原有部分的差异，可以更好地显示遗迹的现状。但这种方法也有一定的危险性，事实上只有在新建部分表现得较为谦逊，甘愿充当配角时，才容易与原有环境取得谐调。如果在新建环境中采用过度张扬的形式则可能严重破坏环境的整体感。

（二）城市历史元素的引用

引用城市历史元素，是在更大尺度上寻求文脉延续的一种方法。采用这种方法时，局部的环境设计可以不仅仅停留于与周围小范围环境的谐调上，而是

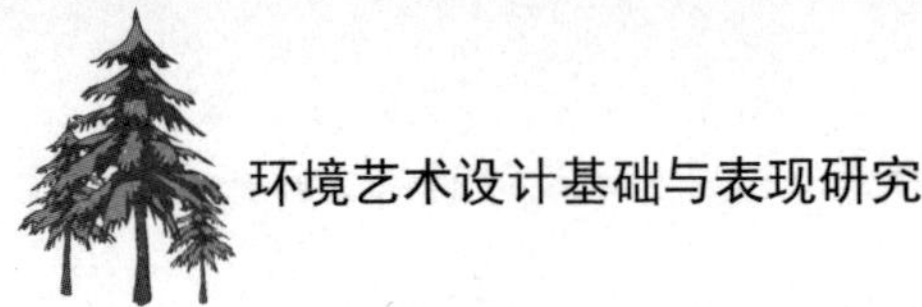

通过引进与城市历史有密切关联的环境元素来建立与城市整体的联系。这种方法对于城市环境整体的整合极为有益。

所引用的历史元素可以以符号的形式出现，也可以以空间布局、类型的形式出现，但必须保证引用的有效性，即引用元素是可以识别的，这样，元素所传达的意义才能被充分和方便地理解。

查尔斯·摩尔设计的新奥尔良市意大利喷泉广场是历史元素引用的一个典型实例。考虑到广场所在地区的居民大多为意大利裔移民，摩尔在设计中引进喷泉、柱廊等意大利城市的常见空间元素，还在水池中拼贴了一幅意大利地图。这样，广场环境与城市历史的联系被呈现出来，表现方式是一种波普化的符号拼贴，其意义指向很容易被理解和把握。

克里尔为一些欧洲城市所做的规划也采用了历史元素引用的方法。他通过对欧洲传统城市的研究发现，广场和街道是欧洲城市空间的基本类型。在进一步的研究基础上，他又对欧洲城市广场的形态进行了概括，将其归结为三角形、方形和圆形三种基本几何形的组合，并为此绘制了广场形态的衍生图。他在城市规划中不断实践这一理论，以广场和街道相互交合的空间配置来建立与城市历史的联系。我们可以看到，少量按照这些规划建设的城市空间中，新完成部分确实很完美地与城市整体融合为一体。

（三）区域印迹的保留

一个区域原有的构筑物、地貌等是构成区域印象和记忆的重要元素，一旦这些元素被彻底清除，新建环境就将失去其历史的标识。区城记忆的依托的消失将造成记忆延续和发展的困难，只对原区城形象留有记忆的人也难以重新识别这一区域。在我国正在进行大规模建设的今天，这些情况是经常发生的，以北京为例，中国建设银行大楼附近原是一片四合院区，狭窄的胡同、低平的瓦房，构成该区域景观的主要部分。大规模的城市改造将原有房屋全部拆除，现在这里变得高楼林立，拓建的宽阔马路和高架桥完全破坏了原有的区城面貌，以致仅间隔三四年，许多人已经难以识别这一区城。原有的区城印迹被完全清除后，这里已经变成一个令人感觉非常陌生的区域，原有的城市生活和与区城特征相联系的印象、记忆完全被破坏了。在任何情况下，这都不能不被看作城市环境的重大损失。

巴塞罗那城市建设过程中因为意识到区城印迹的重要性，而避免了这种局面的出现。市政当局和设计师不仅保留了有重要历史价值的建筑和城市区域，甚至也保留了数量众多的烟囱和厂房中的一部分，高大的烟囱、简陋的厂房表明这个城市的工业化时代的历史，同时也成为对城市定位与识别的有价值的地标。当离乡很久的人重新回来时，他们可以凭借这些烟囱和厂房轻易找到自己当年工作和居住的地方，仍然居住在本地的人也可以从中了解自己前辈的历程和城市发展的历史。这种方法在西方城市历史区段的改造和建设中已经被普遍采用。

可以充当区域印迹的东西很多，一棵树、一个院落，都可以成为文脉的提示。这些印迹的保留远比简单的某种形式风格的符号引用更有价值，更能赋予环境以真正的场所品质。

六、空间的调节

空间的调节，是指在原空间的大框架和基本形体不变的情况下所做的局部或者比较容易实施的改动。空间的设计犹如绘画一样，由整体到局部完成后，最后总是有一个调节的阶段，在一些不尽人意的方面进行一些处理，以达到理想之境界。空间的调节是调整空间整体效果的一个常用的方法和步骤。空间调节与建筑装修不同，装修只是对空间界面表面的装饰和处理，而空间调节是对空间的尺度感、通透程度、层次变化以及使用者心理的各种反应因素做调整，具有很强的设计成分。掌握空间的调节方法对于创造有个性的空间极为重要。

（一）空间调节的作用

由于地形、结构的制约和经济等方面的原因，空间设计有时并不是十分令人满意的。譬如，有的空间过于狭长或过高，失去亲切感；有的无法开窗，致使空间比较封闭；还有的空间高度基本符合使用功能要求，但是空间面积太大，造成空间感觉比较压抑，等等，这些都是空间设计基本完成之后可能遇到的问题。同时，室内设计工作往往是在建筑空间已经形成的条件下进行，但空间使用性质会随着某种原因而变动，今天的餐厅明天可能改成商场或娱乐场所，等等，这些都需要设计师对原空间的不合理之处进行调整和设计，以改善空间带给人的不良感觉。

1. 改善空间感

空间和空间感是两个不同的概念。空间是由各种界面所限定的范围，是客观的，而空间感是指人面对这个被限定空间的感受，带有主观的成分。形状和体量是空间样式的重要标志，同样体量和形状的空间由于空透程度不一样，色彩处理不一样，灯光、家具、设备等配置的不一样，给人造成的感受可能会完

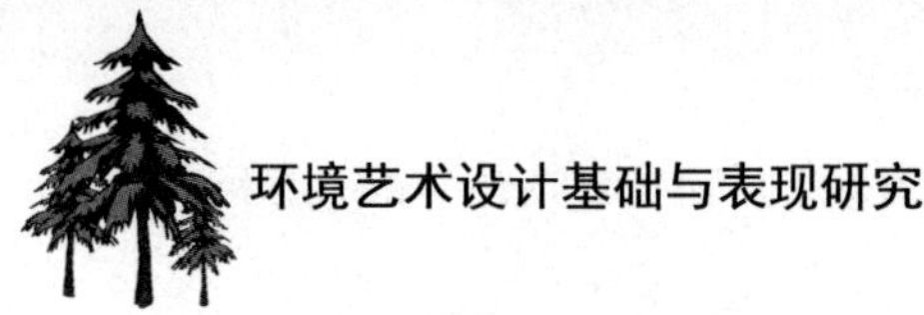

全不同。因此，在基本空间样式不变的情况下，运用空间调节的手段可以在一定程度上改善空间带给人的感受。譬如，一个过长的空间，会产生很强的方向和导向性，不适合像餐厅等需要相对向心的空间，因此，可以采用隔断分隔空间，或者用材料质感、色彩等手法来将狭长的空间分段，以改善空间带给人的感受。

2. 增加情趣

空间不仅要满足使用功能的需要，还要满足视觉的舒适和形式的美感，同时，空间还有情趣等精神的表现。因此，设计师可以通过空间调节，以加强情趣，提高吸引力，使人对空间产生兴趣，能够在空间中得到享乐。此处所谓的情趣，就是空间的格调，是质朴、典雅或是富丽堂皇、温馨亲切等，只有具有格调的空间才有吸引力，才能给人以某种心理上的陶冶。在空间的设计实践中，功能因素一般都能得到有效的考虑和解决，但就是缺少情趣。通过空间的调节就可以在这方面得以改善，譬如，利用陈设小品和绿化等的巧妙布置，以增加趣味。

（二）空间调节的手段

空间调节的手段是多种多样的，在设计实践中，人们也总结了许多规律，其常用的手段有以下几种。

1. 隔断和家具

用隔断和家具作为空间调节的手段是最为实用、灵活和有效的。隔断和家具都可以起到围合空间和分隔空间的作用，而同时又可以保持空间的连续性，在人的心理上产生不同的空间领域。在一些大面积的餐厅里，例如学校的食堂，往往平均分布就餐座椅，无遮无挡，一览无余，毫无趣味。假若用矮隔断及花台等将空间隔成若干个小空间，周围有花台等，高不过人，站着可以观察整个空间，坐下就餐可以有自己的小空间范围，便可形成良好的空间感受。这样的调节可以给空间增加趣味，改善空间感，也必定提高空间的使用效率。

2. 绿化和水体

绿化和水体不仅可以改善空间感，还可以在增加空间情趣、提高舒适度等方面发挥作用，是空间调节比较灵活有效的手段之一。绿化和水体较突出的特点是造型多为自然形体，与建筑中最常见的几何形体可以形成比较强烈的对比。空间中直线、矩形较多，偏生硬，而植物或水体的柔性形体可以改善这种生硬感。如在墙角上放置一个龟背竹，就可以打破墙角转折处直线条的生硬。绿化和水体可以创造强烈的自然氛围，满足现代人对于大自然的渴望，使得眼前的植物给人带来愉悦和心理的满足。水在空间里可以有瀑布、小溪、池塘等形式，它与石或树木花草等的配合可以创造良好的环境气氛，比如宾馆大堂的休憩区用水渠分隔，加上鱼儿在水中的悠闲游动，更可以增加无数情趣。

3. 结构构件

在建筑空间中暴露的结构构件对空间效果会产生积极与消极两方面的作用，因势利导地对其加以巧妙的处理，会获得意想不到的效果。有些结构的形式本身很具有美感，如网架、悬挑结构等便很有形式感和现代感，这样的造型应该保留和利用，发挥它的长处。而有的结构在空间中却会造成一些不良感受，如一个面积不大的空间，中间恰恰有几根粗大的柱子，使视线受阻，显得空间比较压抑。为了避免这种不良的空间感，常用的处理方法是设法从感觉上减轻柱子的重量感，其中用镜面玻璃是非常有效的手段，因为镜面的反射可以大大减轻柱子的体量感，使空间相对空透些，或者将柱子包起来，做成造型，柱头结合照明，这样也可以改善空间感。

4. 陈设和小品

陈设品的种类很多，如装饰画、雕塑、工艺品、盆景以及织物、餐具、酒具等。小品是指标志、图表、指示牌以及果皮箱等。陈设与小品的体积不大，但在空间环境气氛的渲染中有时会起到不小的作用。如装饰画在墙面上可以打破墙面的单调，可以调节围合面的构图平衡，雕塑则可起到视觉中心，并以此来形成凝聚性质的中心空间的作用。

5. 色彩

由于色彩的变化可以使人产生各种不同的视觉印象，因此，可以利用色彩的某些特性来做空间的调节之用。色彩有近感色与远感色的差别，有暖色与冷色的区别，有收缩和膨胀的不同感受，对于空间的大小、封闭与开敞等都可以起到一定的调节作用。 譬如，一个空间的顶面过高，就可以用深色或近感色来使空间感减轻，反之空间过低，则需要用远感色或浅色调来调整。因为色彩能较形体更直接地诉诸情感，所以色彩对于空间气氛渲染的作用也非常大，空间的气氛与环境气氛必定与色彩有着密切的关联。

6. 质地

不同的材料会产生不同的视觉感受，即质感，如细腻、粗糙、光滑、软硬等不同肌理效果。不同的质感同样也会造成人不同的心理印象，或冷或暖、或轻或重、或亲切或冷漠等。材料结合空间造型可以很好地调节空间效果：木材

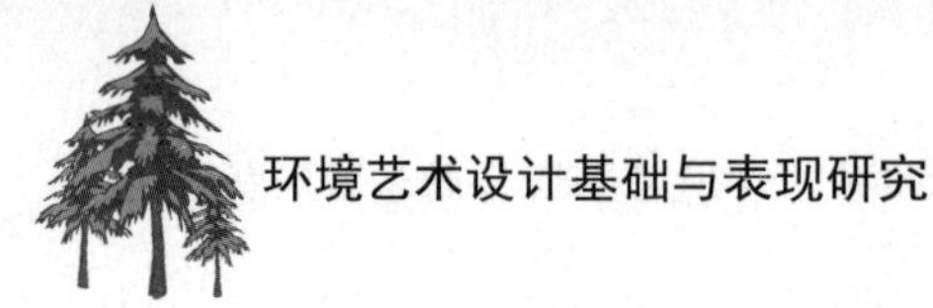

给人温和朴实的感觉，打造温馨和睦的空间环境，是理想的材料；花岗石大方，但偏冷漠，用在宾馆商场等公共空间里可以营造大度、彬彬有礼的环境气氛。用不同的材料质感来打造虚拟空间也是极为有效的方法，这种方法不需要做太大的装修，只需稍稍改变一下表面质感即可。譬如，铺设一块地毯就可以把这部分空间划分出来，或搭一木地台等都可以改变空间的效果。

7. 灯具

室内空间一般都离不开灯具，灯具除了提供照明外，它在空间中还可以参与空间的构成以及空间的调节。灯具本身的造型多具有装饰性，且造型丰富、品种多样，体量也有大有小，往往被作为空间中不可少的构成部件来考虑。如在向心的圆形空间中间设一顶水晶灯以使空间更加集中，更有凝聚力，也可以将吊灯放在适当的高度以调节空间的高度感，而使用吸顶灯或装在顶篷里的筒灯则有利于改善过矮的空间感。

8. 照明

照明与灯具是两个不同的概念，灯具指照明的材料、造型，而照明着重的是灯具所提供的光及其所形成的光照效果。在空间构成中，光的要素可以构成虚拟空间，可以改变空间的光亮和明暗，同一空间由于光的明暗和光的分布不同会形成不一样的空间效果。光对于空间的气氛营造同样有非常突出的作用，这就是为什么迪斯科舞厅旋转飞舞的灯光变化，一下就可以把人的情绪调动起来。空间明亮可以使空间感觉宽大，而某些需要亲近、比较私密的空间则可以用局部照明的方式把空间集中在某一个范围，如酒吧、歌舞厅的卡座里常用此手段。

9. 图案

一般来说，图案花纹大的给人的距离感比较近，而图案花纹比较小的给人的距离感则远。因此，在空间的围合面做表面处理时，往往可以利用这一现象做空间感的调节。比较狭小的空间尽量避免用大的图案和花纹，而空间过于宽敞的可以用大花纹图案来缩短空间的距离。

10. 视错觉

人的视觉是对客观对象的反映，在通常情况下，视觉都能比较真实地反映对象，以利于人对周围的物体做出判断，采取必要的行动。但是，由于人的生理和心理的一些因素，人的视觉也会出现错误的判断，也就是产生视错觉。譬如，同样长短的线，水平线看着就要比垂直线长；同样面积的一个圆，深色的圆在浅色的背景下就比浅色的圆在深色背景下看起来要小等。这些都说明人的视错觉现象的存在，利用这种错觉往往也可以起到调节空间的作用。譬如，空间较小，可以用垂直线的排列方式进行墙面的处理，来增大空间的高度感；反之，空间较大，可以用水平线的平行排列方式来减小空间的高度感。再如，把矩形的平面改成斜线构成的梯形，那么人在锐角一边，看景物有宽阔的感觉，犹如照相机的广角镜，反过来，景在锐角一边，景会感觉比较深远，有长焦镜的效果。

第五章　环境艺术设计的工作方法

环境艺术设计是一个复杂的综合表达过程，它集合了多学科、多领域、多感官，与此同时，环境艺术设计也是具有较强实践性的工作。在我国，环境艺术设计是一个新兴的设计领域，是与人们的日常生活关系最为密切的设计工作之一。一个优秀的环境艺术设计师不仅需要扎实的理论基础和基本功，还需要熟练掌握设计工作的基本程序、灵活运用各种设计方法。本章由两部分组成，分别是设计程序、设计方法，主要内容包含环境艺术设计的生成过程、成果形式，设计方法与方法论，环境艺术设计的设计方法等方面。

第一节　设计程序

一、环境艺术设计的生成过程

（一）设计准备

设计准备阶段不是在图纸上设计正式方案，而是从整体上对项目进行思考，从根本上对项目进行分析，它是一个非常重要的设计程序，也是一个设计项目的初始步骤。设计准备阶段是设计工作顺利完成的重要前提。

1. 项目使用者信息分析

分析和研究项目未来使用者的信息是项目前期策划过程中必不可少的一步。人是环境空间（特别是室内环境）最本质的要素之一，所以，评价一个环境设计是否成功的标准包括人对功能的感受是否舒适、人与空间文化是否融合、人与环境品味是否符合、人对视觉环境是否接受等，设计者在进行设计之前要对这些内容有一个深刻的认识并熟记于心。

（1）使用人群的功能需求

只有合理地、准确地对设计项目未来使用的人群进行定位，才能实现对使用人群的功能需求进行深入的研究。对这些人群可能出现的行为进行研究、对这些人群可能的活动方式进行研究、对这些人群对空间功能的要求进行研究。并通过这些研究确定哪些功能空间是环境设计中需要设置的以及在设计这些功能空间时有何种要求。五星级商务酒店和时尚驿站式酒店是两种不同类型的室内空间设计，下面我们以此为例来进行说明。

高端商务人士是五星级商务酒店主要接待的人群（如图 5-1、5-2 所示）。这些高端商务人士在五星级酒店内的活动主要是高端商务会议、企业年会等。所以这些高端商务人士所需要的功能空间包括餐厅、会议厅等场所，如图 5-1 至图 5-4 所示。通过对功能空间的进一步细分，发现会议人数不同所需要的会议厅大小也有所不同，同时，还要考虑多家商务活动同时进行时对功能空间的要求。由此可见，其他普通住宿酒店与商务酒店在功能上的差异是由目标人群的定位直接决定的。

图 5–1 某五星级酒店外观

图 5–2 某五星级酒店内饰

图 5–3　某五星级酒店餐厅

图 5–4　某五星级酒店会议厅

时尚驿站式酒店如图 5-5、5-6 所示，这一类型的酒店在形式上以连锁店居多，酒店的规模不大，但是交通方便，与五星级高档酒店相比，其价格十分优惠。一般来说，年轻的白领是时尚驿站式酒店主要接待的人群，这些年轻的白领只需要酒店为其提供休息住宿环境，而不会把这里作为工作、会谈、会议的场所。因此，在驿站式酒店中通常没有大规模的会议空间、餐饮空间。与此同时，由于目标人群存在着差异，时尚驿站式酒店与五星级酒店的风格截然不同，时尚驿站式酒店在环境设计上追求的是时尚、简约。

通过以上两种不同类型酒店的比较我们可以看出，在设计落笔之前必须要分析使用人群的功能需求。一个设计是否成功的判定标准不是它的外观，而是它的功能，一个无法满足基本功能的设计其外观再“好看”，它也是一个失败的设计。在进行环境设计的过程中首先要满足的就是“按需设置”。

图 5-5 某时尚驿站式酒店客房

图 5-6 某时尚驿站式酒店走廊

（2）使用人群的经济、文化特征

在一个空间内，分析经济与文化层面包括对使用人群的消费水平的分析、对使用人群文化水平的分析、对使用人群社会地位的分析、对使用人群心理特征的分析，等等。环境艺术设计除了要使人们的组织需求得到满足以外，还要创造恰当的空间环境，此空间环境还要满足人们的精神享受，所以，要深入而细致地分析经济与文化层面。

（3）使用人群的审美取向

在进行设计之前要从整体上把握使用人群的总体审美取向。“审美”受诸多因素的影响，包括生活环境、时代背景、个人修养等，它是以人们自身对某事物的要求为依据所做出的看法，它是一种心理活动过程，具有主观性。视觉感受是审美取向分析的主体。使目标客户人群的审美需要得以满足是对使用人群的审美取向进行分析的主要目的，设计师漫无目的地迎合满足不了目标客户人群的审美需要，只有事先对使用人群进行了解、研究，才能使设计师做出的设计决策符合目标客户的审美要求。例如，艺术家眼中的美是个性张扬；官员眼中的美是得体；时尚人士眼中的美是奢华，等等。正因如此，在前期调研、分析中，整个环境设计是否得到认可与使用人群的审美取向是否得以慎重思考、准确分析、有效判断密切相关。

2. 项目开发者信息分析

（1）与开发商有效沟通

沟通在环境艺术设计工作中十分重要。客户在沟通与交流的过程中传达思想、表现事物好恶可以通过诸多方式，如表情、文字、神态等。设计师在这种交流与沟通中有机会对客户的主观态度进行充分感受，有机会灵敏地觉察客户关注的重点等。这些有效信息对后面的设计工作十分重要。

环境艺术设计具有多学科交叉性、商业性的特点。一般情况下，人们常常用“商业美术”来称呼那些细分的环境设计。环境艺术设计的商业性主要有两个方面的表现：其一，商业性对于设计者来说就是获取项目的设计权，通过设计师丰富的知识和卓绝的智慧来取得巨大的利润；其二，商业性对于开发商来说就是达到其商业目的，通过环境设计打造一个对目标客户有针对性的环境空间，通过环境设计打造一个与项目市场定位相适应的环境空间，让目标客户在开发商所打造的这个环境空间中既能体验到物质方面的满足感又能体验到精神方面的满足感，使客户对这个环境空间心甘情愿地“埋单”，同时，达到开发商盈利的目的。正因如此，设计者与开发商的良好沟通可以让设计者对项目的需求有一个充分的了解，可以让设计师对开发商真实的商业意图有一个深刻的认识，可以使设计师对客户想象中的项目未来形象有一个心理预期，只有这样才能使设计出来的环境艺术作品符合市场定位、服务项目的商业目的。

（2）分析开发商的需求和品位

项目设计师与客户进行沟通之后，下一步的任务就是要认真理性地分析沟通中获得的相关资料。

①理性分析开发商的需求。该过程大致分为两个方面：首先，是对开发商在项目商业运作方面的需求进行分析，包括对该项目商业定位的分析；对该项目市场方向的分析；对该项目投资计划的分析；对该项目经营周期的分析；对该项目利润预期的分析，等等；其次，在项目环境设计中对投资者的整体思路进行分析，在这个过程中，设计师要提出合理且可行的设计方案，该设计方案不仅要符合项目环境设计的商业定位，还要将投资者对项目环境的期望考虑在内；最后，分析投资者对室内外环境设计的预想，要保证设计方案具有合理的室内外环境设计。

②合理分析开发商的品位。“品位”一词在当今潮流中开始涌现，可以说“品位”是被提及最多的词汇之一。在各个行业的发展中都开始重视“品位”、标榜“品位”。实际上，抛去时尚的外衣，品位是一个人内在气质的外在体现，也是一个人道德修养的外在表现。

在对开发商的品位进行分析的过程中仅仅调查、分析投资者“本人”是具有片面性的，设计师要在沟通的基础上体会到整个团队的品位，对投资方的欣赏水平做出准确的判断。设计师的最终目的不是这种分析、判断，而是通过对开发商的品位的了解来分析该项目环境设计中业主的个人主观意愿及期望。如果投资者的主观意识没有以项目的整体定位为中心而出现偏离时，设计者有义务提醒开发商对其思路进行合理的调整，从而使环境设计艺术达到更高层次的标准。

有一点需要注意，专业精神和职业素质是一名专业环境艺术设计师必须要具备的。首先，设计师应当竭尽全力地满足投资者对项目环境设计的期望；其次，设计师对待环境艺术设计应当保持一个积极的态度；再次，在对设计可能达到的效果进行分析时要坚持科学性、客观性原则；最后，结合实际问题客观地分析环境艺术设计的可行性。如果投资者自身的意愿对设计效果的实现起到了阻碍的作用，设计师应当给予投资者充分的尊重，并选择最为恰当的方式提出建设性的意见，以求说服业主。

3. 项目环境分析

在刚开始进行环境艺术项目设计时，需要考察、调研和分析室内外环境等诸多方面。包括对项目所在地自然环境的分析；对项目所在地人文环境的分析；对项目所在地经济与资源环境的分析；对项目所在地周边环境的分析。

（1）自然因素

开始进行一个环境设计时，首先要分析项目所在地的自然因素，不同的自然因素会赋予环境设计独特的个性特点。自然因素的分析包括对日照情况的分析；对气温情况的分析；对主导风向情况的分析；对降水情况的分析；对自然地貌情况的分析；等等。在设计的过程中，这些自然因素产生的影响可能是有利的也可能是有害的，这些自然因素还可能为设计师提供设计的灵感，如图 5-7 和 5-8 所示。

图 5-7　山间木屋，建筑与地形有机结合

图 5-8　融入环境的海边小屋

（2）人文因素

在进行具体方案设计之前，应当全面调查和深入分析项目所在地的人文因素，包括历史、文化等，并进行提炼总结，找出那些对设计有用的元素。每一座城市的历史、文化印记都有其独特性，城市不同其演变和发展的轨迹也有所不同，其所形成的民风民俗也有所不同。如风景宜人的江南水乡、金碧辉煌的古代帝王都城。

（3）城市经济、资源因素

有效地分析城市经济、资源因素可以使项目定位更加准确，可以使规划布局更加合理，可以使配套设施的建设更加完备。分析城市经济、资源因素的内容包括：①对城市经济增长情况的分析；②对城市商业消费能力的分析；③对城市资源种类的分析；④对相关基础设施情况的分析。

（4）建成环境因素

①景观设计项目。在着手设计方案之前必须要对建成环境因素进行归类分析。建成环境因素包括项目周边的交通情况、项目周边的公共设施的类型、项

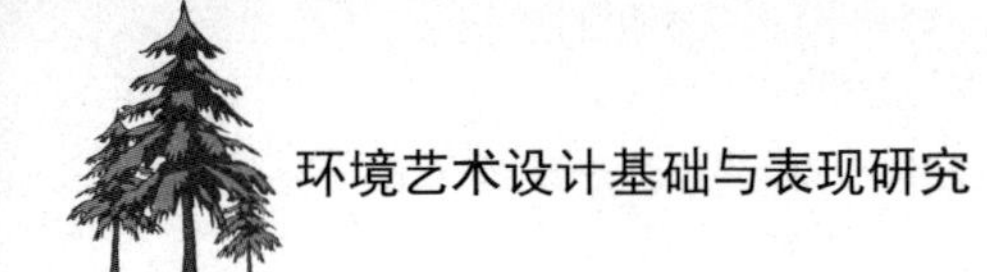

目周边建筑物的造型风格、项目周边的人文景观等方面。设计师获取这些建成环境因素的手段包括数据采集、现场踏勘等。

②室内环境设计项目。分析原建筑物现状条件是室内环境设计项目的建成环境因素分析的主要内容，具体来说，建成环境因素包括原建筑物的面积、原建筑物的层高、原建筑物的出入口的位置等方面。设计师只有事先深入地分析原建筑，才能在之后的设计中做到心中有数，才能最大限度地提高方案的可实施性。

4. 设计定位

对将要操作的项目进行整体的设计定位是项目设计者在具体设计实施之前的必要工作。这里的定位是指以下两点：其一，是整个设计想要塑造的整体风格；其二，是在整体风格的基础上所产生的视觉效果和心理感受。只有确定了项目的整体设计风格，设计者才能开始进行设计工作，围绕所确定的设计风格来选择材料、搭配色彩、配置陈设，使环境艺术的整体性和协调性得到保障。

5. 相关设计资料收集

（1）现场资料收集

①场地体验。在信息技术飞速发展的今天，我们坐在办公室就可以对远在千里之外的场地特征从不同层面进行认识和分析，我们还可以建立室内空间的框架。但是任何现代技术都不能取代设计师对场地的亲身体验，也不能取代设计师对场地氛围的深刻感悟。进行实地观察不仅是对设计师的要求，也是设计师义不容辞的责任，设计师要到真实的场地去亲身体验每一个细节，在实地环境中动用所有感官努力地去寻找各种具有价值的信息。

要想获得最宝贵的第一手资料，设计师必须要进行实地的观察。只有通过实地观察，设计师才能对场地的独特品质有一个真正的认识，才能对场地与周围区域的关系有一个准确的把握，才能全面地理解场地，使设计师在日后的设计中做到心中有数。在场地体验中出现的重要信息或当时的体会可以通过拍照、文字的形式记录下来。如果条件允许还可以进行多次现场体验，从而不断地完善方案。总而言之，在场地中，无论我们听到什么、看到什么或者是感受到什么都是场地的一部分，都有可能成为设计的亮点。

②对同类型项目的室内外环境设计进行实地参观。深入地分析思考一些已经建成的项目，从而总结出一些经验教训。收集这些项目的基本资料，包括背景资料、图纸等，对这些项目的特点和成功所在有一个初步的了解，这些前期准备工作在进行实地参观之前就应当做好，只有以此为基础，实地考察才是有

意义的，才能真正有所收获。

（2）相关资料收集

在前期准备阶段，图片资料可以为设计工作提供创作灵感。现在是网络时代，我们可以不用逐一地去现场参观，可以通过网络来收集设计资料。在网络高速发展的今天，我们足不出户就可以领略世界各地的设计特色。相关资料的收集包括对优秀设计资料的图片进行收集、对设计法规的规范性资料进行收集等。

（二）方案设计

1. 方案概念设计

从整体的角度对环境间关系进行思考的阶段就是方案的概念设计，次要矛盾和细节不是方案设计概念阶段的重点，在方案概念设计阶段中，第一步，要确立一个设计理念，该设计理念有两点要求：其一，要符合项目特点；其二，立意要恰当明确。第二步，要重点把握整体功能布局，竭尽全力地满足使用者的功能需求。第三步，从宏观角度对各功能空间进行一个准确的划分。方案概念设计包含：①对环境艺术设计方案的立意；②对环境艺术设计方案的构思；③确定环境艺术设计方案的设计理念；④对环境空间的宏观设计。这一阶段设计图纸的表达方法大多采用概括式。

2. 方案深化设计

对方案概念设计的进一步深入就是方案深化设计，在进行方案深化设计之前要确立设计理念、完善设计立意和构思。方案深化设计阶段包含两部分的内容：其一，进一步深入地设计室内外环境的平面布局；其二，反复调整室内外环境的平面布局，在调整过程中对设计方案进行不断的推敲和完善。方案深化设计阶段为设计扩初打下了坚实的基础。

（三）设计扩初

基本完成方案设计之后就要进入下一个阶段——设计扩初阶段。在设计扩初阶段，通过对设计方案不断地修改和调整，设计方案更加深入，更加细化。这一阶段的主要内容包括两部分：其一，进一步深化和确定平面布局；其二，与专业技术人员进行深入的沟通与交流。

（四）施工图设计

详细的制订环境艺术设计未来实施的计划，这就是施工图设计阶段。项目

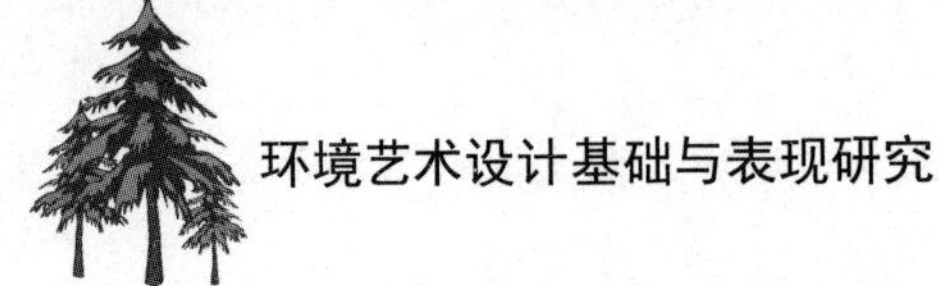

的实施和最终的效果不仅受到施工图准确程度的直接影响，还受到施工图精确程度的直接影响。正因如此，不仅要对施工图纸的设计规范有一个充分的了解，还要认真、严谨地对待施工图纸设计中的每一个细节，施工图设计阶段的图纸要详细到每一个具体尺寸。这一阶段还要对具体的施工方法进行确定。

（五）设计实施

设计图纸向真实室内外环境转化的实施过程就是设计实施阶段。工程的技术人员和建筑工人在设计实施阶段中进行施工依据的是图纸的精确尺寸和制作方法。设计师虽然已经基本完成了设计图纸，但是其设计工作并没有完成，设计师肩负着对设计图纸的局部调整工作，还有与施工现场的密切配合工作。

在整体施工图设计完成后，设计师与施工单位及投资方针对图纸中存在的局部设计问题进行及时的沟通与交流并进行局部调整的过程就是局部图纸调整。局部图纸调整阶段可能会进行局部施工节点等图纸的改动，但是绝对不会出现全盘推翻式改动。进行局部图纸调整的原因有很多，主要的原因有以下几点：①技术因素；②建筑本身因素；③资金因素。

设计师在项目施工的进程中要常常去到施工现场，在施工过程中，把控设计方案的整体效果和细节。设计师的现场配合就是指通过现场技术性的设计修改来解决施工图纸与实际施工现场之间存在的差异。

二、环境艺术设计的成果形式

一个环境设计项目从产生到完成的过程中，最重要和关键的阶段在于设计的准备和形成时期。设计的价值最直接体现在设计自身的智力资源和对项目未来的分析评价上。这一阶段的成果形式也因为项目类型的差异和设计者的观念以及能力的投入而显得层次多样，归纳起来，基本有三种类型。

①文本型。注重陈述设计的过程、工作的方法和解决问题的形式，是一种系统性很强的成果表述，强调事物的整体性，多用于城市规划与城市设计，是纲领性、指导性的政策实施。

②分析型。注重对事物的分析和理解。用图表剖析对象，在设计的成果中，形象地、理性地、解码式地把设计理由一一呈现，具有很强的专门性。

③表现型。注重对事物未来形态的描述，细致地表达设计意象，强调设计前后的对比和设计的结果，以及对未来的影响等，具有很强的预见性。

设计的准备和形成期是设计工作最主要的时段。以上三种设计成果类型在很多时候是互为补充的，是设计者脑力劳动和智慧的结晶。

以我国城市广场环境规划设计成果表达为例，一般由设计说明、图纸两部分形式组成。

（一）规划设计说明书

①方案特色。
②现状条件分析。
③自然和人文背景分析。
④规划原则和总体构思。
⑤用地布局。
⑥空间组织和景观设计。
⑦道路交通规划。
⑧绿地系统规划。
⑨种植设计。
⑩夜景灯光效果设计。
⑪ 主要建筑构筑物设计。
⑫ 各项专业工程规划及管网综合。
⑬ 竖向规划。
⑭ 主要技术经济指标。
⑮ 工程量及投资估算。

（二）方案阶段图纸（彩图）

①规划地段位置图。
②规划地段现状图。
③场地适宜性分析图。
④广场规划总平面表现图。
⑤广场与场地周边环境联系分析图。
⑥景点分布及场地文脉分析图。
⑦功能布局与空间特色分析图。
⑧景观感知分析图。
⑨广场场地及小品设施分布图。
⑩广场夜间灯光效果设计图。
⑪ 道路交通规划图。
⑫ 交通流线分析图。

⑬种植设计图。

⑭绿地系统分析图。

⑮竖向规划图。

⑯广场纵、横断面图。

⑰主要街景立面图。

⑱广场内主要建筑和构筑物方案图。

⑲综合管网规划图。

⑳表达设计意图的效果图或图片。

（三）成果递交图纸（蓝图）

①规划地段位置图。

②规划地段现状图。

③广场规划总平面图。

④道路交通规划图。

⑤竖向规划图。

⑥种植设计图。

⑦综合管网规划图。

⑧广场小品设施分布图。

⑨广场纵、横断面图。

⑩主要街景立面图。

⑪广场内主要建筑和构筑物方案图。

第二节　设计方法

一、设计方法与方法论

对设计来说，方法也就是为达到设计的目标而采用的途径。应该说，一个设计目标并非只有一个途径或一种方法，但方法与道路选择的正确与否将对设计所用人力、物力、财力等产生很大的影响，甚至影响到最终的设计结果。人类自从开始制造工具、使用工具起，就已经形成了设计的雏形，设计在人类的实践中不断得以进步和发展，数千年的积累使人类具有了相当丰富的设计经验，但是对于设计方法的专门研究和理论的探讨却是在20世纪60年代才开始的。

社会的工业化和自然，社会各学科的飞速发展促进了设计方法的理论研究，各种设计方法和方法论也相继问世，使得设计趋向完善。但是，毕竟由于方法与方法论的研究历史不长，学说众多，各有所长，加之设计自身的门类繁多，各有专业特点和要求，仍难做到有统辖全部设计的最权威的设计方法理论，何况是专门的环境艺术设计方法。也许还需要更长的时间和更多的专家去研究和探讨，最后方能总结出一套最切合实际的环境艺术设计的方法理论。只有选择了最佳的方法，才能真正符合设计的基本规律和要求。

现代设计的趋势是朝着多元化的方向发展，因此设计方法也是多样化和层出不穷的，主要的有代表性的方法有技术预测法、科学类比法等。每一种设计方法的目标和范围不尽相同，所以不同的学科和专业可以从不同的角度采用不同的方法。下面是对与艺术设计有相近关系的设计方法的简述。

①科学类比法。在设计的前期将收集到的各种有关设计的信息和对象，以推理的方法进行设计的方法，类比的因素主要包括因果类比、对称类比、协变类比和综合类比等。

②相似设计法。相似设计法是利用同类设计物间的静态与动态的相似性，根据样机或模型求得新设计的方法。

③模拟设计法。模拟设计法是利用异类设计物间的相似性进行的类比设计的方法，此设计法已从数学模拟、物理模拟发展到动能模拟、智能模拟，所以被称为高级阶段的设计方法。

④计算机辅助设计法。计算机辅助设计法是智能型设计方法，由完备的CAD 系统的科学计算、绘图与图形显示、数据库三方面功能搭配而成。

⑤模糊设计法。模糊设计法指根据实际经验确定参数、控制、算法与过程的规则的设计方法。

一般方法或方法论，都是针对设计并解决某个方面的问题的一种科学的方式，每一种方法都有合理的因素，并且都有一定的适用范围，但是没有任何一种方法可以解决设计的所有问题。所以要了解各种设计方法的特点和作用，在环境艺术设计的过程中，可以借鉴或部分借鉴各种设计方法。总之要找到适合环境艺术设计的设计方法，以帮助设计更加省时、省力和有效。

二、环境艺术设计的工作方法

（一）设计文书

文书包括设计说明书、设计图等文件。制作设计文书的目的有两个：其一，正确提出工程造价；其二，使设计方案完整、准确地表现出来。

1. 设计任务书

环境艺术设计是一项复杂的系统工程，在理论上，环境艺术设计中的任何人都具有同一个最终目标，但是在实际的实施过程中，同一项目对于不同的部门所具有的含义不同，承担的任务也不同，因而他们在考虑问题时具有不同的着眼点，在这种情况下相互矛盾的情况就可能出现了。任何一个环境艺术设计工程，从策划到其最终的实施总会涉及各种各样的问题，包括政治、文化、审美、材料等。对以上各种问题的综合要求就构成了设计任务书。

2. 设计任务书的制定

在表现形式上，设计任务书会出现意向性协议、正式合同等不同的类型，设计任务书是在项目实施之初对设计总体方向和要求的确定，这个要求包含两方面的内容：其一，空间设计中的物质功能；其二，空间设计中的审美精神。设计任务书是一种具有法律效应的文件，它不仅对委托方（甲方）有制约的作用，而且对设计方（乙方）也有制约的作用，甲乙双方都必须遵守任务书规定的各项条款，为工程项目的顺利实施提供保障。

在形式上，设计任务书的制定有以下几点主要表现。

①设计任务书的制定应当充分尊重委托方（甲方）的意见。只有在甲方设计概念成熟的基础上才能进行设计任务书的制定，设计任务书要求设计师将甲方的构思要求忠实地表达出来，因此，设计师必须要加强与甲方的交流合作，使甲方的意图在设计方案中得以充分体现。

②设计任务书的制定要依据等级档次的要求。在制定设计任务书的过程中可以对星级饭店的标准和要求进行套用，在制定时需要考虑甲方的经济实力，需要考虑建筑本身的条件，还需要考虑周围的环境。

③设计任务书的制定要依据工程投资额的限定要求。在甲方已经确定投资额的前提下，需要在方案设计中做出概算。

现阶段，合同文本的附件形式是设计任务书的主要形式，主要内容包括工程项目的地点、在建筑中工程项目的位置、工程项目的设计范围与内容、艺术风格的总体要求、设计进度要求与图纸类型等。

3. 针对任务书的分析

在拿到设计任务书之后，设计方需要深入分析设计任务书的内容以及隐藏在背后的含义，其内容主要包含两方面。

（1）制约项目实施的因素

①社会政治经济背景。设计项目的制定不是天马行空的想象，在设计项目制定的过程中，不仅要考虑国家、政府等的物质和精神需求，还要考虑经济条件、风俗习惯等因素。

②双方的文化素养。双方的文化素养包括设计者心目中的理想空间形象、个人抱负等；委托者所受教育的程度、审美爱好等。

③经济技术条件。经济技术条件包括在手工艺及工业生产中，科学技术成果的应用程度，除此之外，还包括手工艺及工业生产中的材料、结构等。

④形式与审美理想。形式与审美理想主要包括设计者的艺术观、设计者的艺术表现形式、设计者环境艺术语汇的使用情况。

（2）项目实施的功能分析

受到心理上主观意识的影响，设计者在设计项目实施的过程中只有进行严格的功能分析才能做出正确的决策，这个正确的决策主要依据两方面内容：其一，系统工程的概念；其二，环境艺术的意识。功能分析的主要内容包括①社会环境功能分析；②建筑环境功能分析；③室内环境功能分析；④技术装备改变分析；⑤装修尺度功能分析；⑥装饰陈设功能分析。

（二）设计程序

1. 设计准备阶段

设计准备阶段的主要工作包括：其一，设计委托任务书的接受；其二，合同的签订；其三，设计期限的明确；其四，设计计划进度安排的制定；其五，配合与协调有关专业、工种。

首先，必须对有关的政策法规进行了解，主要包括：①基地的土壤；②基地的气候条件；③使用者的需求；④大量同类场所的设计与使用情况。这时候常常需要到现场进行勘察测量，以获得最为直观的印象。

其次，必须要对设计任务和要求有一个明确的认识，如设计对象的使用性质、造价控制，以及由此引申出来的环境氛围、文化内涵和艺术风格等，了解建筑材料的种类和价格等；了解与设计有关的规范，熟悉与设计有关的定额标准，对必要的资料和信息进行收集分析，包括调查踏勘现场以及对同类型案例的研究等；然后对这些信息进行筛选、分类、汇总等。

具体来说，包括以下内容和程序。

①环境规划。环境空间规划有各种不同的层面，相互之间具有关联性。例如，国土规划规定了以交通体系、河流山川为中心的区域规划用地条件，进而影响到城市规划、分区规划和设施规划等。设计准备阶段的环境规划见图 5-9。

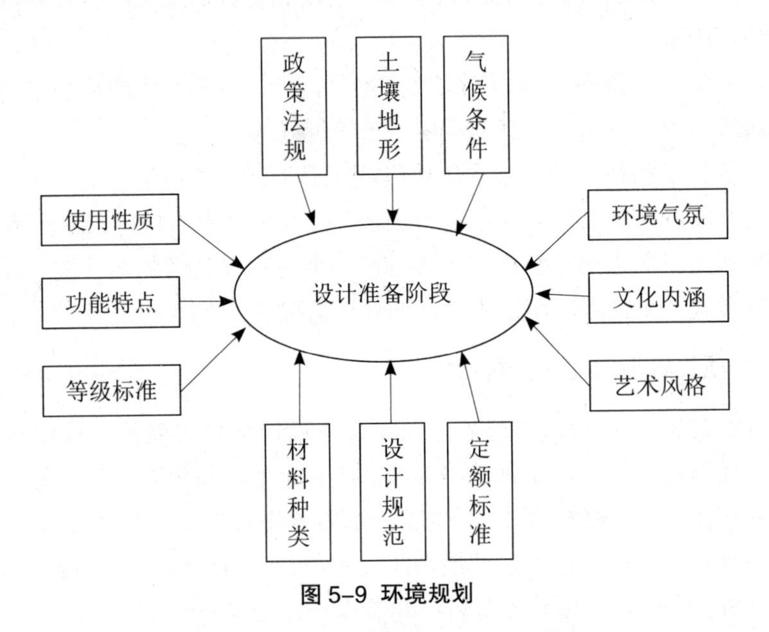

图 5–9 环境规划

②规划过程。对环境艺术设计的目的设定、所需规模、所需概算等进行综合评价，重点从是否符合使用需要及采用方案的经济性方面进行分析评价，根据评价结果确定前提条件，然后进行设计。可以说设计就是从尽可能详细地获取这些前提条件开始的。

③设计条件。这是指在设计过程中，用最适当的形式与具体的设计对象相适应，从而归结出具体的环境空间形象的内容。设计师把这些条件明确落实到空间环境设计中去，据此确定总体设计的方向，按建设单位的要求进行设计。

2. 方案设计阶段

方案设计阶段是一个寻求答案的阶段，以设计准备阶段为基础，对与设计任务有关的资料和信息进行进一步的收集、分析和运用。构思立意，提出有针对性的解决办法，进行初步方案设计，并对方案进行分析与比较。

方案设计阶段主要考虑的是那些带全局性的问题。一般情况下先设定一个总目标，以此为起点，层层向下推进，确定不同层面的分目标。各个分设计目标都有自己的特殊性，既相互独立，又相互关联，相互影响，相互牵制，形成了错综复杂的局面。设计师不可能在设定总目标时，就把相关的次级目标都找出来。随着设计的深入，一些矛盾或问题才会不断显露出来，这就需要回过头对最初的设想进行调整。可以说，设计的过程就是一种在前期以收集概念性信息为主，后期以收集物理性信息为主，频繁交换信息，边进行边反馈的过程。

徒手的草图设计是初步设计阶段的重要且最常用的手段，它是一种综合性的作业过程。从草图开始，统一构思家具、装修设计等，对空间形式与尺寸给予准确的确定，对大致的色彩与材质进行统一归纳。

初步设计方案的文件通常包括：

①彩色透视效果图，应充分考虑拟建场所与城市规划、周围环境现状的关系，以及基地的自然、人文条件和使用者的要求等。

②平面图或彩色平面布置图（包括家具布置），常用比例为1∶50和1∶100。设计师应结合平面布局规划，推敲场所的形式，使它不仅符合形式美的规律，而且具有深刻的美学意义。

③剖立面图，常用比例为1∶20和1∶50。

④天花平面图，常用比例为1∶50和1∶100。

⑤三维模型，常用比例为1∶20、1∶50、1∶100等，这应根据具体情况而定，设计师应力图准确、清晰地表达设计意图。

⑥平面图或彩色平面布置图（包括家具布置），常用比例为1∶50。

⑦选用材料样板，如墙纸、涂料、地毯等。

⑧设计说明。设计说明主要是用文字来表达构思、审美风格取向与追求，特别是本方案的创新之处。

⑨如果甲方有特殊要求或项目规模较大，可以制作三维动画演示文件。

3. 施工图设计阶段

施工图设计就是进一步深化初步方案设计的过程，是连接设计与施工之间的桥梁，工人施工以施工图为直接依据。施工图设计阶段的内容包括整个场所和各个局部的确切尺寸及具体做法、结构方案的计算、各种设备系统（水、暖、电、空调等）的计算、选型与安装等。具体来说，其中包括施工中所需的有关平面布置、立面及顶平面的详细尺寸；构造节点详图、细部大样图，材料及作法的详细说明，选用材料、设备的型号、具体特征等。

4. 设计实施阶段

工程的实际施工阶段就是我们所说的设计实施阶段。设计人员在施工之前不仅要将设计意图告知施工单位，还要为施工人员解释图纸技术；按图纸要求在施工期间对施工实况进行核对，必要时还要以现场实况为依据局部修改或补充图纸；施工结束时完成工程验收。

要想设计取得预期的效果，设计人员需要做到以下几点：①抓好设计各阶段的环节；②对设计、施工等各个方面充分重视；③熟悉其与原建筑物的衔接；④将建设单位与施工单位的相互关系协调好，使双方在设计构思和意图上达成共识，最终取得理想的效果。

（三）设计技法

1. 从规划到设计

如果设计的前提是无限的时间与劳动力，那么工作完成的时间就不可预估了。所以设计进行的条件必须是有限的时间和劳动力。由此可知，我们的目标是规划整个设计过程，管理各个阶段，使项目在规定时间内圆满完成。虽然设计工作具有连贯性的特点，但是可以依据工作的不同性质来进行阶段的划分，提高每一阶段的工作效率。

在设计过程中，对资料、图纸等进行分析、整理是一项非常常见的工作，这项工作有利于我们规划和管理时间。但是在设计方案阶段，灵感和启发的获得还需要相关资料的查阅，并在此基础上对问题进行深入的构思、推敲，从而使问题得以恰当的解决，这都是很常见的。设计师需要对自己头脑中潜在的信息、构思等有意识地加以引导控制。因为设计工作是“发现问题—解决问题”的思考过程，而不是“设计图—表现成品”的过程。认识到这一点，就可以充分发挥设计师的创造能力。

在这个过程中，图式思维法是最有效的手段之一。它可以帮助设计者解决构思和表现问题，迅速捕捉灵感，将思维中动荡不定、含混不清的想法变为一种直观的形象。通过观察、推敲，通过视觉的交流进行再创造，设计师可将最初的想法不断加以完善。

2. 从设计到细节

方案设计完成并获得认可后，设计师除了从人的视线等功能性方面进行核查确认以外，还要考虑技术方面的有关问题。设计师在工作中有时需要对各种资料进行参考，甚至对模型或实物进行参照。为了让甲方在设计方案的理解上更为容易，需要进行一定的表现，其主要的表现方法有以下几点。

①透视图、轴测图。这些都是易于表现空间的方法，形象且直观。透视图应考虑到人的活动状态，以模拟出接近真实的效果。

②平面图、剖面图及展开图。空间的用途及功能用平面图来表示，据此可

了解家具、设备等的位置、大小及相对关系。剖面图和立面图表示出立体的关系。

③材料实物、照片。设计师为了对室内空间有一个更具体的理解，可以展示实际使用的内部装修材料的照片，展示内部装修配件的实物，尽量以实物展示，也尽可能接近设计效果。

④图表法。设计构思、结构与设备等应尽量用简洁明了的图纸、图表来表示。

把以上资料向业主提出，使之对基本设计构思有较为准确的理解，把抽象的要求和设计概念以具体的形式表达出来，以做出生产及施工所需的预算、制作出正确的施工图纸为目的。

（四）设计表达

大多数情况下，面对的受众不同，即使采用同一种表达方式也会产生完全不同的理解。众所周知，图形表达方式是视觉最容易接受的。由于设计的最终产品不是单件的物质实体，而是一种综合感受，所以即使选择图形表达方式也很难传递出其所包含的全部信息。正因如此，环境艺术设计的表达中要想实现受众的真正理解，必须将所有信息传递工具全部调动起来。图形表达的传递功能具有直观的视觉物质表象性。虽然环境艺术设计以四维空间和实体为最终结果，但是设计工作的完成依靠的却是二维平面制图过程。正因如此，将所有可能的视觉图形传递工具调动起来，力图在二维平面制图中完成具有四维要素的空间表现，就成为环境艺术设计图面作业的必须要求。

（五）环境艺术设计的评价标准

环境艺术设计成功与否的评价标准是以人们对环境的要求为前提的，可以归纳为以下几点。

①实用功能。首先，要求环境场所内空间布局清晰、视线畅通、交通易于维护；其次，要求适当控制环境场所内的采光、污染等，缓解环境压力。

②美学要求。首先，要求景观优美、造型独特；其次，要求生动鲜明的形象、独特的个性特征；最后，要求时间与空间的和谐与延续。

③文化意义。环境艺术设计为人们提供了物质、精神、社会、心理的环境，它是不同时代人类社会精神和物质生活的集中体现。人们的环境意识不断提高，使人们对人居环境的文化气质更加关注。

第六章　环境艺术设计的基本表现

环境艺术是现代艺术领域中不可缺少的一部分，环境艺术设计的目的在于更好地满足人们精神上的需求，是上层建筑中的意识形态之一。人类社会与环境艺术设计之间具有十分紧密的联系，其有效促进着人类文明的发展。设计表现是设计师必备的技能，也是社会对设计师资格审核最为重要的一项。因为这直接体现着设计师的素质级别和水平层次。本章分为环境艺术设计的构成和环境艺术设计的表现两部分，主要内容包括光环境的构成、空间环境的构成、色彩环境的构成等方面。

第一节　环境艺术设计的构成

一、光环境的构成

鲁道夫·阿恩海姆在《艺术与视知觉》一书中指出：“光是揭示生活的因素之一。”许多哲学家也从视觉的物理学角度出发，认为没有光就没有了一切。可以感知空间环境，分辨物质实体的光亮与黑暗，体会多变的空间效果均是因为光环境的存在。对于光环境的学习与研究，可以从产生视觉关系的基本点出发，厘清其构成之复杂原则和作用，为营造更加理想的整体空间环境做足准备。

（一）视觉与光环境

1. 人的视觉感应与视觉特征

（1）人的视觉感应

人从环境中获得的物象感觉信息是通过眼睛这一感受器官来感应的。眼睛的结构大体上被晶状体分为前后两个部分，光经由角膜、瞳孔，并通过晶状体之后，行进于玻璃体，到达分布着很精细的神经细胞网络结构的视网膜，这里是视觉形成的第一站。视觉感光细胞有两种类型，即视杆细胞与视锥细胞。前者在黑暗环境中对明暗感觉起决定作用，对于灰色光线比较敏感；后者在明亮环境中对色觉和视觉敏锐度起决定作用，形成色视觉。视神经将视觉信息进行传导，最终到达大脑视觉中枢，在这里把神经冲动转换成大脑中认识的景象，从而形成视觉的感应。

（2）人的视觉特征

人的视觉具有自身的一些基本性质，在这里就与设计相关的部分特征做简要介绍。

①视域范围。由于生理条件的限制，人不可能在同一时间看到空间环境中所有的物像。一般来说，在头部不转动的情况下，能看到水平面 1800 mm、垂直面 1300 mm、上边界 600 mm、下边界 700 mm 的范围。

②视敏特性。人眼的视觉敏感度被称为视敏度，对于不同波长的光视敏度也是不同的。

③亮度感受。视觉对于亮度的感受是不同的。这种情况受两方面条件的限制：物质实体自身的亮度值，还有它所处具体环境的平均亮度。当人眼感受亮度时，还可以产生一些视觉的特殊状态，例如一定强度的光突然作用于视网膜时，视觉对于亮度的感受是逐渐上升的，当光突然消失时，亮度感觉并不会立刻消失，而是总是滞后于实际亮度，这被称为视觉惰性。当我们观察刷新率不够的计算机屏幕时，会感觉到令人不悦的闪烁，但是如果将重复频率提高到某个定值以上，就感觉不到闪烁了，这也是由视觉的生理特点决定的。

④色彩感受。视觉能够感知色彩，不同波长的单色光会引起不同的色彩感受，这在前面的内容中已经提及过了。另外，对于视觉来说，有时候来源于不同光谱的组合却能够引起相同的色彩感受。例如在多种光组合的情况下都可以产生出白色光。眼睛能够分辨出的色彩有数千种。

⑤视觉分辨力。人的视觉具有一定的对于细节的辨识能力，这就是视觉分辨力。人眼对于黑白细节的分辨力较高，高于对色彩的分辨力。而且实验证明，人眼对于静止物体的分辨力较高，要高于处在运动中的物体。

2. 光学相关要素

对于光环境的学习与研究离不开光学物理光度量，常用的有光通量、发光强度、照度、亮度。

（1）光通量

人眼对不同波长的电磁波在相同的辐射量时具有不同的明暗感觉，这种视觉特征称为视觉度。用来衡量视觉度的基准单位称为光通量，单位是流明（lm）。光源发光效率的单位是流明 / 瓦特（lm/W），不同的光源有着不同的发光效率：如晴天环境下天空光的发光效率为 150 lm/W；150 W 的白炽灯其发光强度是 16 ～ 40 lm/W。

（2）发光强度

光源在某一方向单位立体角内所发出的光通量称为光源在该方向的发光强度，单位为坎德拉（cd）。

（3）照度

被光照射的某一表面，单位面积内所接收的光通量称为照度，单位是勒克斯（lx）。研究表明，某一表面的照度与光源在这个方向的发光强度成正比例关系。

（4）亮度

光学中，由被照面的单位面积所反射出来的光通量即表示为亮度。影响亮度的因素有很多，如人眼在某一阶段的生理特征、物体的表面特性、环境背景等。

3. 光的不同形式

人所看到的光环境是由许多不同形式的光组成的。光的基本形式通常分为五类。

①直射光。可以直接进入眼睛被视觉感知的光，如晴朗天气条件下的太阳光，属于直射光。

②散射光。当光源照射物体时，光受到物体（通常为表面）的影响而产生散射，这类光称为散射光，例如加上柔光纸的灯具发出的光。

③反射光。当光源发出的光遇到物体时，某些光线被反射，称为反射光，如平面镜反射出的光。

④透射光。当光源发出的光遇到物体时，一部分入射光穿过物体后所射出的光，称为透射光，被透射的物体为透明体或半透明体，如玻璃、滤色片等。

⑤折射光。当光从一种透明均匀物质斜射到另一种透明物质中时，传播方向发生了改变，称为折射光。例如从有水的玻璃杯中看插入其中的筷子，在视觉上发生了弯曲。

4. 材料的光学特性

当光接触到物质实体时，因为其材料不同，会产生不同的视觉感受。环境艺术设计常用的材料为建筑装饰材料。从光学的观点出发，材料则可以分为定向类和扩散类两类。定向类，即光线经过反射和透射后分布的立体角没有发生改变，如镜子、透明玻璃；扩散类，即能够使入射光有不同程度的分散。

在光学中，光接触物体有着更为复杂多样的情况。

（1）定向反射和透射

光照射到如玻璃镜、抛光金属等材料的表面时能够产生定向反射；而照射到玻璃、有机玻璃等材料表面时可以产生定向透射。因为均经过了介质，所以这两种情况下的光比原光源发出的光无论在亮度还是发光强度上都有所减弱。

（2）扩散反射和透射

当光照射到石膏、砖墙等材料表面时，产生的光的扩散称为均匀扩散反射，它的特点是各个角度亮度都相同；当光接触到白玻璃、半透明塑料等材料时，则会产生均匀扩散透射，透射光各个角度的亮度相同。

（3）定向扩散反射和透射

定向扩散反射材料如油漆、光滑的纸等，在反射方向能看到光源的大致影像；定向扩散透射材料如毛玻璃，透过它，可以看到模糊的光源影像。

（二）光环境构成的基本内容

光环境由不同的光所组成，除了基本形式不同以外，光的种类也不尽相同，由此可以有自然光环境和人工光环境的区分，这两大类就是光环境构成的基本内容。

1. 自然光环境

这里的自然光不是广义的概念，不包括人工光源直接发出的光。在自然环境中，它包括太阳直射光、天空扩散光以及界面反光。

（1）太阳直射光

一般在晴天的天气条件下，我们可以很直接地感受到太阳直射光。它带来的热量也很大，是自然光环境中最重要的光。其实，在一天之中，太阳直射光在不同的时间段有着不同的照度和角度。因此，产生出变化多样的外部空间环境效果（对室内空间光环境也有着很大的影响）。根据对不同时段太阳直射光的特征进行的分析，可以大致分为三个阶段。

①第一阶段。早晚时段，或称为日出、日落时刻。太阳光与地面成0°～15°夹角。这一阶段太阳光色温低，光投射角度低，光线柔和，被照物体阴影长，冷暖对比强，空间层次丰富，色彩多样。

②第二阶段。上、下午时段。太阳光与地面呈15°～60°夹角。在这一时段光源的光谱成分稳定，亮度变化小，被照物体轮廓清晰，立体感强烈，材料质感的视觉感受也较好。

③第三阶段。中午时段。太阳光与地面呈 60° ～ 90° 夹角。这一时段太阳光顶头照射，在夏季几乎和地面垂直，光线强烈，被照物体阴影小，反差也较大。

另外，还有黎明或黄昏的时段，太阳还没有升起或已经落下，空间环境的物体靠天空扩散光照明。

（2）天空扩散光

天空扩散光是一种特殊形式的光，它是由大气中的颗粒对太阳光进行散射及本身的热辐射而形成的。严格说，它不能被称为光源，而可以被看作太阳光的间接照明。

天空扩散光可以产生非常柔和的光线效果，照度普遍不高，所以对于被照物体细节的表现力不够。由于太阳光透过大气层，波长较短的蓝色光损失较多，所以呈现出美丽的蓝色。

（3）界面反光

外部空间环境的界面由各种材料构成，有土石等天然材料，也有多样的人工材料。当这些材料接收太阳直射光并与天空扩散光发生综合作用时，可以产生复杂的界面反光，对光环境产生极大影响。

2. 人工光环境

人工光是相对于自然光的灯光照明。优点是较少受到客观条件限制，可以根据需要灵活调整光位、亮度等。至于产生人工光的人造光源，则是指各类种类多样的灯具。其中有热辐射光源，如常见的白炽灯、卤钨灯；气体放电光源，如荧光灯、金属卤化物灯；发光二极管，也就是常说的 LED；还有光导纤维等。具体的灯具分类则有着多种依据，可按光通量的分布分为直接型、半直接型、半间接型、间接型等；还可以根据安装方式的不同分为悬吊类、吸顶类、壁灯类、地灯类及特种灯具等。

（三）光环境构成与空间表现

光的构成即用光和光的现象性质来做构成，光环境构成则是在光构成的理论与实践基础之上研究它与环境诸多要素之间的关系。

1. 光的构成原理

（1）色光混合定律

色光混合是一种加色混合。格拉斯曼在 1853 年就总结出了色光混合的基本规律，适用于各种色光相加混色。他认为人的视觉只能分辨颜色的三类变化，即三要素；两种颜色相混合，若其中一种颜色的成分连续变化，则影响到混合色也产生连续变化。其中，两种颜色以一定的比例相混合产生出白色或灰色，此两种颜色为互补色。若以其他比例混合，则产生接近占有比例大的颜色的非饱和色，这为补色律。两种非互补颜色混合，将产生两颜色的中间色，其色调受控于两颜色的比例，此为中间律。在色光混合中，某种颜色用看起来相同的颜色代替，最后效果不变，例如色光 A= 色光 B，色光 C= 色光 D，则 A+C=B+D，此为代替律。

（2）三原色光混合规律

红、绿、蓝三原色光等量混合时产生白光；红光与绿光等量混合产生黄光；红光与蓝光等量混合产生品红光；绿光与蓝光等量混合产生青光。其他色光均有混合规律，这里不再一一列举。

2. 人工光环境干预

早晚时段，太阳光投射角度低，光线柔和，天空光能够产生一定影响，反光亦不很强烈。无论室内还是户外，物体自身特征不是太明显，但明暗对比关系比较好，能产生较长的阴影面。亮面具有某种视觉透明效果，暗面则因为灰色变化少，明暗差别弱而更显得沉闷，但并不暗淡，仍具透明感。空间中距离视觉较近的物体非常柔和，且有一定的冷暖光色对比，透视感强烈。整体光环境中混合色的纯度不会太高，但色彩多样，层次变化丰富，明暗对比适中。这一阶段时间较短，光线强弱变化大，可以适当布置人工光源来延长时间段的视觉效果。但应注意光线不要过于强烈，以免使人的情绪起伏过大。在整体光环境中，还可以改变个别物体的光照关系来吸引人的注意力，例如用局部照明增强物体明暗对比，加大纯度对比，或缩小阴影面积。在户外，为减轻直射光带来的视觉刺激可运用一定的遮挡物。干预的目的是使光环境具有更好的表现效果，给人带来的精神状态更为平和，创造更强的舒适感。

上下午时段，环境中有大量反射光，光照强度稳定，亮度变化小。空间中的物体表现性很强，具有非常明确的形体特征，有较强的立体感和质感表现。因为接收了大量反射光，物体本身明暗对比稍微减弱，本身材料的固有色特征明显，阴影面也适中。在这一时段，如果没有特殊需求，不需要很多的光环境人工干预。对自然采光不太好的室内环境可以适当补充人工照明。但应该最大限度地利用自然光条件，让人们充分体验光环境带来的良好效果。亦可以大量利用反光丰富色彩层次，但不要过多，以避免产生光污染。

中午时段，在晴朗的天气条件下太阳光顶头照射，光线强烈，天空光影响较小。室内外光线都很明亮。室外物体自身阴影小，浓度较重，明暗反差大，水平面明亮，垂直面亮度小或完全处于阴影中，接收的反光强烈程度根据具体情况而定，反光较强则暗部的明暗、色彩变化多样，反光较弱则拥有浓重的暗面，向黑色靠近。室内总体环境较明亮，物体光照关系反差大。在这种情况下，人较易冲动，情绪波动也很大。人工光环境干预可以改变顶光造成的强烈的视觉不适，对不需要直接强光照射的物体采用遮罩物；在光线强烈且热量大的地方制造冷光，带来心理上的凉意，在偏冷的地方（如阴影区）适量补充暖光；通过更换反光材料产生更加多样的色彩及明暗变化；或者利用动态光增加空间环境的情趣。

在日光不理想的条件下，例如天空中有多而薄的云，对日光产生了遮挡，从而使光失去了直射光的性质，但还保留着方向性，环境中以天空扩散光为主，界面反光也不很强烈。或者在完全阴天的天气条件下，环境受天空扩散光影响，整体较为阴沉，光线分布很均匀。室外光环境的适宜度较好，室内略显昏暗，容易使人的情绪低落。为了整体光环境的舒适度，不能大面积使用光色复杂多变的人工光源，可以在室内亮度低的地方适当进行光线补足，考虑方便调节的局部照明增强空间环境的透视感，不应盲目安排大空间全局照明。

3. 人工光环境设计

应根据不同空间环境对光的具体要求进行构成安排。这里将空间光环境分为安全照明环境、工作照明环境，以及装饰照明环境三种。

（1）安全照明环境

无论视觉对周围的光环境有着怎样苛刻的要求，安全性始终并必须是进行光环境设计的第一个重要方面。安全性的要求主要有对于视觉感官的安全，还有由光带来的环境自身的安全。生活的经验告诉我们，眼睛不可以直视突然而来的强光，这种情况甚至会导致暂时的失明。在空间光环境中，要尽量避免眩光的产生。眩光是由于强光直射入眼从而产生视觉不适。要求对于强烈的直射光源必须要有在主要视觉角度的遮光罩。这对空间表现的影响并不大，却积极保护了视力。空间环境本身需要安全性照明，通常由各类指示灯牌、警示灯具、路线引导灯具构成。另外，无论对于室内还是户外空间环境，都不希望有光污染，它一方面产生严重的视觉刺激，另一方面会严重影响环境的安全性，干扰正常的环境秩序，必须予以重视。照明环境中的各类光，均有着严格的亮度、色相、纯度的要求，设计中应当依据国家照明标准，严格选用合适的灯具及安装方式，对不同照明方式的照明质量、亮度以及灯具数量进行限制。

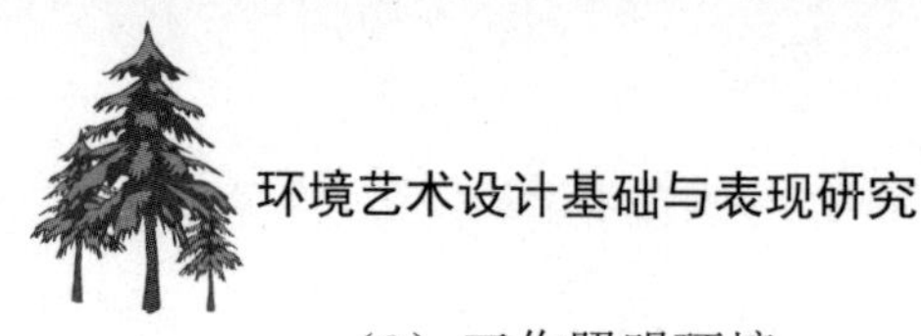

（2）工作照明环境

工作照明环境一般安排在室内，也有着严格的照明规范。它不要求空间光环境构成多么复杂华丽，只要满足最基本的工作需要即可。不同工作环境对于光的要求也有所区别，例如医院操作室必须在满足基本照度的条件下减少或削弱阴影的不利影响；而学校教室要求灯具的选择与布置能够最大限度地保护视力等。一般亮度要求不宜过高，色相根据具体环境有偏冷与偏暖，但不会过于艳丽，纯度一般来讲也不应该太高。在大型的工作车间、办公空间等环境中，通常选用全局照明的方式，在个别区域配合使用一些局部照明来增加亮度。照明角度视工作面而定。这类光环境的空间表现效果不明显，但对于工作需要而言，却是很适宜的。

（3）装饰照明环境

相较前两种环境，装饰照明环境是最令设计者兴奋的。它的灵活性强，总的原则是在保证基本照明安全，拥有舒适视觉感的条件下创造具有良好光照关系的空间光环境，使空间环境富有魅力。室内装饰照明环境分为很多种情况，有的要求以静态光构成层次丰富的光环境，有的要求以动态光构成璀璨的光环境。对光的亮度、色相、纯度没有具体要求，可以按照环境需要依据光构成原理合理搭配使用。全局照明运用不多，一般以点光源、线光源，或者小面积的面光源分散照明方式为主。空间表现力很强，常综合运用透明色、混合色、反射、镜映像、折射、偏光，以及由光运动产生的余像、明灭、光迹等多种光构成视觉效果。外部空间装饰照明环境则需要考虑更多周边影响因素，例如远距离以外的强光干扰，光环境背景的亮度、动态成分等。适合外部空间使用的灯具与室内也有很大差别，应该根据环境安全标准，选择合适的照明方式、照度，以及光源角度，消除各种不利因素，创造安全、使用性强、具有良好视觉效果的外部空间光环境。

4. 光环境调控

自然光与人工光的综合作用会产生非常复杂的光环境，其构成关系不是特别明确，需要仔细研究梳理。应区分在复杂的光环境下可以调控或影响的方面。要以人工光的创造符合自然规律，不要盲目追求环境变化为基本调控原则。

自然光规律性强，变化大，但人的眼睛却是习惯的。在动态光与静态光的混合构成中，人工光根据具体的需要进行合理利用，如果不需要变化性强的动态光，则必须努力创造静态光环境，消除来自自然光的不利影响，如各种静态展示空间；如果空间环境需要动态的光效，则可以充分利用自然光色彩丰富、层次多变的特点来创造富有活力的光环境，如露天演示广场环境。空间表现一般以其中一类作为侧重点，而不要将动态与静态光环境分半处理，容易造成视觉迷惑感。

各种方式的光构成可以产生丰富多彩的光色、亮度，以及纯度的变化。视觉环境是不同的光属性相互作用的综合结果。设计中可以运用不同的组合对光色进行调控，使冷暖相宜，在综合中求变化，在变化中求统一。注意对整体环境亮度的把握，在自然光变化的情况下及时调控人工光，使整体光环境不会产生太大的视觉落差。此外，还应该控制环境中光的纯度。当然，这些光属性的调控要依据空间表现的效果而定。

5. 光环境构成的注意事项

（1）注意阴影的影响作用

鲁道夫·阿恩海姆说："物体和它的影子是作为一个整体起作用的。阴影分为投射阴影和附着在物体旁边的阴影。附着阴影可以通过它的形状、空间定向以及与光源的距离，直接把物体衬托出来。投射阴影就是指一个物体投射在另一个物体上面的影子，有时还包括同一物体中某个部分投射在另一个部分上的影子。"这一段话非常明确地告诉了我们物体和阴影的关系。因为光的作用，它与物体产生了紧密的联系。在空间环境中，它的明度、纯度、面积，有时还具有色彩，对光环境有着非常大的影响。它的灰可以衬托光的明亮；它的面积偏大可以使环境具有阴暗的神秘感；它的投射还可以影响光在物体上的表现；由于视觉的关系，阴影在空间中还具有集聚性，影响着空间的透视性等。设计中特别需要注意阴影的影响作用，务必将它与物体，还有空间环境视为一个统一体。

（2）留心空间精神要素的变化

光环境的变化通常是快速而微妙的，有时能够令视觉立刻领会，有时则需要细心观察与体验。变化带来空间中人的精神状态的改变。一个细微的弱光投射能够引起视觉的注意，从而不经意间产生情绪的波动；一个光色的倾向性可以影响人直接体验空间的精神状态。精神要素的变化是人与空间发生关系的直接反映，体现出设计的好与坏。所以，在光环境的创造中，一定要留心它的变化。

（3）重视整体光环境效果

最后，需要进一步强调光环境的整体性。这是在任何时候，在设计的任何阶段都必须予以重视和详细考虑的。对于光而言，它的构成灵活而多变，由此就更容易产生环境在一个时段内的不统一，甚至是支离破碎，这无疑是最糟糕的情况。因此，观察与设计光环境必须最终回到整体，考量细节设计的综合效果是否能够使整体空间环境和谐统一。

二、空间环境的构成

空间是环境艺术设计的主体对象，是设计得以实现的媒介，设计者也是通过空间与人产生思想沟通和言语交流的。可以说，环境艺术设计，就是处理人与空间环境、自然的关系。

研究空间构成，从事实践设计，进行设计教育，首先应当理解什么是空间，这是设计的基础和出发点。但是在现代设计的理论研究领域，空间往往是极为抽象的，不那么容易被理解。尤其是在人们日常生活中所谈论的空间和艺术理论中的空间存在着一定的不同。所以，首先便应当对空间的概念做出较为清晰的界定。

（一）空间的构成要素

在设计中，构成是指将一定的形态要素（无论是抽象的，或是具体的人或是物），按照视觉规律、审美法则、力学基本原理进行创造性的组合，使空间能够满足人的各种需要，并能因此产生出积极的空间体验效果。

研究空间构成的主体是人，对象则是空间中存在的各个构成要素，其中包含了属于物质层面的要素，需要用形态学的方法来认识，还有精神层面的要素。

1. 物质要素

这里的物质指的是狭义的物质，即构成世界的实体性物质，如一堵墙、一池水，它们通常都有具体的形状或形体，占有排他性空间；还包括能量的一种聚集形式，如光、磁场、电场等，可以共享空间而且同样具有方向性等空间属性。

（1）空间形态的抽象要素

点、线、面、体是人们对于空间中物质实体的形态进行概括的结果，它们不同于几何学中的概念，虽然是概括性的形态描述表征，但在实际中它们作为可以被感知的对象，都有着自己各个方面的外部或内部表现，如形状、色彩、肌理、组成材料等，带给人们的感觉信息也各不相同。

（2）空间形态的具体要素

谈到形态的具体要素，自然会根据我们自身的生活体验联想到周围构成空间环境的物体。无论是对室内空间环境而言，还是外部空间环境，都可以分为以下两类。

①竖直（垂直）/ 深度方向。以建筑物的柱、墙、楼梯等垂直构件，外部空间的树木、其他竖直类构筑物为代表。

②水平 / 深度方向。以建筑物的地面、横向顶面、楼板为代表，具有明显的水平深度方向维度特征。

需要特别指出的是，这些要素的分类是相对而言的，它们也同样具有第三方向维度，是三维物体。只是相对于另外类型的要素来说，它们在某一个方向上（竖直或水平）维度特征较为明显，可以以此作为划分依据。

（3）空间的能量性要素

空间的能量性要素主要是指光、热、磁场、电场等。这类要素没有物质实体，但通过感受器官，或者一定的设备可以被人们感知，对空间的影响也是环境艺术设计应当考虑的内容。在空间构成中，一般通过对实体性物质的处理达到改变能量性要素的目的。

2. 精神要素

精神的一层意义是指人的意识、思维活动和一般心理状态。人作为一个精神实体，精神来自对客观对象的感知。

（1）人对于具体要素产生的感觉

具体要素有着自身的表现，形状、大小、位置、材质、肌理都各不相同。具体要素处于静态（指相对静态）时，人们对其的感觉通常来自这些物体的客观属性以及它所在的客观环境；处于动态或有动态趋势时，人们在客观属性感觉的基础上还会增加对于要素运动状态的感觉信息，以及对即时动态以外的，以往动态的联想和未来动态的期望。

（2）整体空间使人具有的精神状态

整体空间对与它产生某种联系的人的精神状态会产生很强的影响作用，或兴奋，或沮丧，或悲伤，或平静。这种精神要素具有灵活性和时间性，可以随着空间构成的变化甚至细节的更改随时发生改变。所以，它是设计者处理空间环境时必须加以详细考虑的。

（3）空间构成的基础

空间构成的难点在于，在空间中，既要考虑各个维度上各种构成要素的具体属性，又要综合全局，将空间看作一个整体，全盘考虑各种构成要素之间的相互作用关系。短时间内，这并不容易做得很好，需要有丰富的经验积累和大量训练，以及要有创新的敏感度。

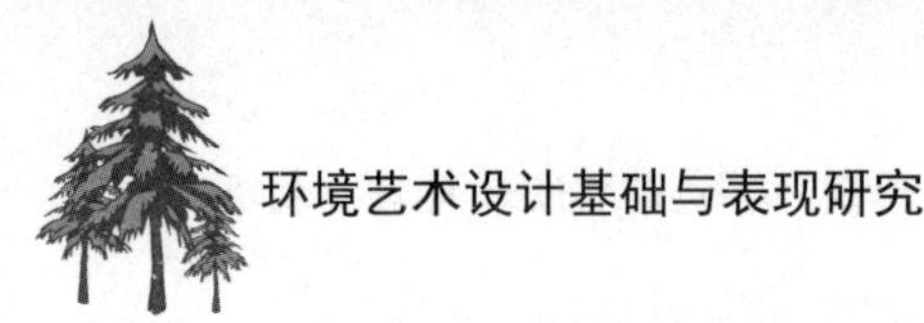

下面将以空间为框架组织构成的基本理论，讨论空间构成的方法。①单一空间构成。单一空间是构成建筑最基本的单位，这类空间是有限的，并且包含的物质实体具有具体的空间属性。对于环境艺术设计而言，无论是哪个方面的设计，单一空间都是设计者最直接面对的具体设计对象。

a.空间视觉构图。构图是一个绘画概念，指根据题材和主题思想的要求，把要表现的形象适当地组织起来，构成一个协调的完整画面。这个概念对于空间来说同样适用。当人作为观察主体面对一个单一空间时，他的视野范围内的空间具体内容就构成了完整的“画面”，具有三个维度的属性，有着真实存在的远近、大小之分，并不是平面的，这与我们用相机记录空间形态有着视觉上的本质区别。当然，视觉的灵活性和主动探索性决定了这个“画面”随时可以产生变化，内容物和构图也会大相径庭。所以，空间的视觉构图具有时间性，一方面体现在上述视觉引起的“画面”变化，使构图具有即时的特点；另一方面，人在空间中的体验会在其头脑中产生万千“画面”，它们之间可以是跳跃的，也可以是连续不间断的，最终所有的“画面”信息在头脑中汇总，产生出初级阶段的视觉感觉信息。这就好比一部电影，由单幅影片画面构成，每幅画面均有着自己的构图，当电影播放时，画面连续起来，人们就会形成对于整部电影画面的视觉印象。是美？是丑？其中的构图起着至关重要的作用。正因为如此，空间的视觉构图才是相当重要的。设计不仅要处理好一个即时视觉“画面”的构图关系，还需要考虑空间范围内不同角度，从不同方位出发的所有视觉“画面”的构图变化（理想状态下），并最终由视觉的连贯性形成人们对于单一空间的体验。这不是即时性的，而是具有时间延续性的。

基于以上对于空间视觉构图的理解，我们可以明确其目的，即使空间中的要素有着和谐的视觉组织关系，营造出具有良好视觉氛围的空间环境。

在空间构成要素内容中，概括了将要研究的物质要素与精神要素。在空间中，也可以这样理解：研究对象即包括了空间中或与空间发生联系的物与人。

可以用构图基本原则中的均衡与对称来做说明。这种构图规则与方式是通过秩序感的营造使视觉趋于稳定的。只要掌握了这个规律，就很容易在视觉单幅“画面”中创造和谐的构图关系。举一个简单的例子，空间中存在三个立方体，材质、重量、颜色可忽略不计，只考虑形体的构图关系。当然，对于空间与观察者而言，视觉角度可以随意全方位改变，每个角度都很完美的构图只是一个理想。在实际中，应当选择出少数最佳的视觉角度调整构图。这是在空间视觉构图中应当注意的问题。

对于空间中的精神构成要素，其随着视觉角度的转换也会发生改变。当单幅“画面”的构图较完美时，使人具有的精神状态必定是平和、舒适的。处于另一个视觉角度时，原本平和的感受很可能因为构图的不当出现慌乱、紧张的情绪表现。在空间视觉构图中，精神构成要素虽然存在，但却不必刻意强调重视度，因为空间美好的视觉构图，同时就为良好、和谐的精神感受提供了可供栖息的肥沃土壤。

需要特别注意的是，构图规则虽然是通用的，但使用条件却不一样。这里是针对空间视觉构图，远远比平面构图来得复杂得多。

b. 空间的限定与分隔。空间本身是无界的，空间的限定与分隔就是为了根据实际需要，划分出空间的特定区域。确定其界限或范围，在数量、范围等方面加以规定，即为限定；把空间划分成不同的子空间，使之从中隔开，即视为分隔。就单一空间来说，不与其他空间组合为多空间系统，其本身便是已经有了限定。它的“单一”是相对于外部的其他多空间而言的。现在要探讨的“空间的限定与分隔”是以单一空间为限制条件，并在其内部进行。需要明确的是，当这个单一空间中存在限定与分隔的既定结果时，它实际上已经向着多空间的概念转化，只是相对的对象不同而已。

物质实体以占有空间，并间隔限定空间为基本特征。研究空间的限定与分隔，必须从这些物质实体着手。实体的点，在空间中如果是单独出现的，那么它有没有限定空间的作用呢？答案是肯定的。它的限定作用是通过在空间中吸引观察者的注意力来实现的。任仲泉在他的《空间构成设计》中指出：“由于其本身不具备内部空间或人类不能入内，只能从其外部感知，因此，就其在空间中的作用价值而言，除被视为图形之外，在其周围又形成了界限不清的物理空间而被知觉为外部空间的视觉‘场’，此类空间限定形式即被称之为‘中心限定’。”当空间中仅存在这一个物质实体时，它所发出的能量足够强大，吸引并带动着空间中的其余分散的能量，这时整体空间使人具有的精神状态最为平和，空间关系稳定；但当空间中同时存在多个小的物质实体时，它们的能量大小各不相同，却能够分散这个中心限定物质实体的吸引作用，并由此减弱“中心限定”的强度，空间关系仍然较为稳定，人的情绪也不足以受到很大的影响。空间中单独出现的线体、面体具有同样的中心限定的作用。

除了中心限定，空间的限定方式还有分隔限定。以分隔的手法限定出的空间通常具有人能够感知的、明确的界限。分隔出的空间可以是完全封闭的，也可以是能够进入的具有使用性的空间。被主要关注的具体构成要素是地面、顶面和竖向围合面（视觉心理学中分为地载、天覆、围闭）。地面承载着空间中绝大部分的构成要素，在构成的一般建筑物中通常是（相对）平面的，在外部空间环境中则多有高低起伏的变化。顶面的空间限定方式以覆盖为主。无论在建筑构筑物内，还是在外部空间环境中，均有着不同的形态，变化万千，给人带来的感觉也各不相同。平顶面是一般建筑空间最常见的顶面限定形态，人处于其中能够感受到整体空间的静态和稳定。尖顶面让人产生崇高与敬畏感。曲形顶面具有流动性，整体空间生动活泼。竖向围合面通常能给空间带来最为明显的封闭感，也有平面、曲面、倾斜面之分，形态不同，人的空间感觉自然不同。垂直于地面的围合面，若没有门、窗、洞口，则具有最强的封闭性。曲形的竖直围合面可以增加空间的神秘感与迷幻效果，因为自由的曲形可以不受任何拘束随意转折，无规律性会引起视觉的困惑。倾斜的围合面则十分不稳定，如果向着人所处的位置倾斜，则具有巨大的压迫感，从而引起心理恐慌，如果背离人的位置倾斜，则如同处于狭窄的谷地，向上的开阔空间会引起心理的跳跃感。以上均是物质实体的形态对于空间分隔限定的作用。

除了形态外，尺度是空间限定中不可忽略的重要因素。不同尺度感的物质实体在限定空间时会影响空间内的各能量要素，也会对人的精神状态产生影响。首先，人处于空间中，或在空间外部观察空间，都会以自身尺度为依据感知。当墙的高度还不足以达到人的膝盖，那么它给人的感觉虽然是分隔了空间，却是微不足道的，不足以对人的领域感产生威胁，一个迈步的动作就可以跨越，限定出的空间其视觉通透性也较好。当墙的高度升至人身高的一半左右，那么它的限制性作用会是十分明显的，人不能够轻易越过。如果墙处于空间的中间区域，那么人对其产生的感觉会是限制；如果它处于空间的边界，那么就会对人产生一定的保护作用。当墙的高度和人的身高对等，压迫感就会随即产生。由于它的高度在视平线以上，分隔出的另一个子空间也就不能被视觉感觉，所以对人来说，它是封闭性的，具有不可侵犯的特质。当墙的高度远远大于人的身高，压迫感将处于最强的状态。其次，尺度感也受到视距的影响。还以高于人体尺度的墙作为例子，观察者站在其脚下仰视，那么它就会显得异常高大；当观察者移动位置，尺度感会随着距离的增大而减弱。

在空间中，物质实体有着各种不同的类型，决定了对空间的限定程度也存在很大差异。实体的面对空间的限定程度最强，如果在其上开洞口，那么限定程度随之减弱。排列细密的线体也可以分隔出空间，但限定程度远不及实体的面。线体排列得越疏，限定程度越低。若将物质实体的材质考虑进来，则透明度越高的物质实体其对空间的限定程度越低。

对于空间本身，被限定与分隔之后，就会产生不同的空间形态。在设计中，人们习惯于将其分类为封闭空间、开敞空间、静态空间、动态空间、悬浮空间、交错空间、不定空间、虚拟空间等。

c.空间的动态构成与空间体验。空间作为一种存在的客观形式，它本身以及它的构成要素在一般情况下都是相对静态的。那么动态又是如何理解，体现在何处呢？研究与学习空间构成，就必须了解和掌握空间的动态构成，而这是以空间体验为前提条件的。

首先，空间的物质构成要素具有动态的属性。物体实体存在于空间中，当它处于相对静止状态时，人的视觉察觉不到它的运动，其具有稳定性的表现特征。马克思主义发展观告诉我们，事物都是不停运动、变化、发展的。物质实体在我们眼前，从时间的角度来看，它不可能总是处于历史发展中的同一个时间，而是永不停步的，随着时间的流逝在历史的进程中运动着。这个过程是缓慢的，人眼不能感知。而当物质实体的外部表现形式在这个运动过程中呈现出一定的变化，或者是形态改变，或者是材质日益老旧，或者是外部作用力在它身上不断发生着作用，经历一个时间段以后，就能够认识到它发生了变化，从而承认它是不断运动的，具有时间动态的属性。从物质实体自身的角度出发，物理学认为，它的内部也无时无刻在运动变化着。从基本粒子构成的改变，到能量的分布，都具有动态的属性。

空间的能量要素也具有动态的属性。光的万千变化，电场或磁场能量的转换，都是具有动态属性的表现。能量要素的运动，在一般不介入人力的前提下有着自身的规律，并不以人的意志为转移。当我们进行对于空间的设计时，会对它们自身的运动产生干扰。换句话说，就是人们在空间中的行为能够作用于并且影响着能量要素的变化，如可以通过人工光源的设计与布置改变空间的光环境；可以运用设备或器材转变空间的电场及磁场。能量要素的这种运动是人力控制的结果。

其次，空间的精神构成要素具有动态的属性。人们对于空间中各具体要素的感知是一个系统的过程，这本身就需要耗费一定的时间。在这个过程中，具体要素发生着细微的变化。这就决定了感知的过程在某些时候不是简单的单一过程，而是在其中某一阶段发生着自发性的重复。可以认为，感知的结果反映了人们对于具体要素的整体的概括认识。在具体要素处于某个相对静止的时间时，它为人们带来的感觉信息可以是“艳丽的”“稳定的”“崭新，令人兴奋的”，当具体要素发生了改变，那么它有可能“不太艳丽”“稍微有点倾斜感”和“比较新”。这说明人对于具体要素产生的感觉随它的运动发生了改变。整体空间使人具有的精神状态的改变则更加显著。用外部空间环境来说明，就有着“景随时迁”的变化效果。随着时间的运动，空间状态的改变，人的精神状

态会随着发生运动变化。以上精神要素的运动不仅与客观对象的运动有关，还与主体自身状态的变化有关，这包括人体自身生理与心理两方面。生理方面，精神状态、感知器官的工作效率都会随着时间发生变化，是动态的；心理方面，个体的喜好等方面也会发生改变，具有动态属性。例如某一时刻，当人以饱满的精神状态首次面对客观对象时，视觉会产生短暂的兴奋感，认为“可以接受”，产生喜欢的感觉；而下一时刻，观察者的视觉产生了一定的疲劳感，而其喜好又发生着变化，就有可能感觉“材质不够细腻”，或者“颜色过于亮丽”，对客观对象的喜欢程度大大降低。

最后，空间体验是理解空间动态构成的前提条件。体验本身就是一个动态的行为，在感知空间时，人们的视线各处停留，视觉观察角度随时变化着。人是一个自由的个体，在体验的过程中可以有着自身的运动——只要条件允许，他可以到达所处空间的任何角落，体会着“步移景迁”，用眼睛观察，用手指触摸，用耳听，用鼻闻，用头脑思考——从而进行全方位的、动态的空间体验。

空间体验不仅用于单一空间，在多空间组合中，它仍然不失为感知空间最有效的方式。

②多空间构成。在空间构成的理论中，单一空间的构成是基础，它主要引发人的主体视线和精神状态的反应。而在实际生活和设计中，我们所面对的对象通常是复杂的多空间系统。它们通常是由两个或多个单一空间经过各种构成方式所形成的。构成关系良好的多空间，能够为人们的生活提供便利，并且能够使人在其中产生快乐的情绪。

a. 空间的组织与过渡。组织，是指按照一定的目的、任务，将诸多要素按照一定的方式相互联系起来。过渡，其实是一种中间状态，通常情况下，过渡的方式可以起到“承上启下”的“缓和”的作用，使组织起来的诸要素之间的关系更加和谐，避免生硬和呆板。

在设计中，常用的空间组织形式有两类。第一类是线性组织方式。一般将有着某种联系的几个单一空间沿着一定次序，串联为一条线型。根据基地的实际情况，排布可以是直线型，可以是曲线型，也可以呈现出折线型或环线型。直线型的空间组织给人的感觉是很纯粹的。人在穿越组织起来的各个空间时需要沿着直线的方向，这个方向是极其明确的；相比较之下，曲线型的空间组织其方向性大为减弱，但是同时也增加了灵活性，使总体空间更加生动；折线型的空间组织一般在基地客观地形条件的限制性因素较多时采用，在处理的时候应避免出现规则的折线，可以利用不同形态、不同大小的空间进行组织，具有强烈的节奏感；环线型的空间组织可以使处于首尾的空间也发生关联，使总体空间出现循环的效果。当然，在实际使用中，完全可以综合几类线型的优点，使空间组织不拘泥于俗套，灵活性更强。线性组织方式通常用于如博物馆、游园等序列性强的空间。

第二类是中心式组织方式，也可以理解为向心式组织方式。由一个主要空间与若干次要空间共同组织形成，通常次要空间以主要空间为中心布置。次要空间与主要空间的交通流线很通畅，可以很方便地到达。中心式组织方式通常用于影剧院、集聚性广场、大型观演中心等空间。由于现今的大型空间对功能的要求越来越高，这种组织方式也适应时代的需要发生了一定的变化。例如，仍然保留合理通畅的交通流线，保证主要空间的统领作用，次要空间可以灵活排布，从而打破了规则的“中心式”。还可以与线性组织方式相结合，组织出更为复杂的空间系统。

空间的组织一般由其功能要求所决定。例如在一个展览空间设计中，每一个展位都需要人来观看与驻足停留，而且要求作为交通系统的一部分可供人们很方便地游览，那么串联式的线性组织方式是最好的选择。如果这个展览空间需要一个大的集散场所，处于每一个分区中各个展位的人都可以至此进行交流。很显然，它的功能就相当于酒店的大堂，有着综合性的功能要求。那么它就一定会成为系统中的主要空间，处于交通的“心脏”位置。

经过组织的多空间，相互之间通常具有比较明确的外部表现形式，表现为空间之间的关系。概括说来有包含、穿插、邻接、主次、对位等。在实际设计中，这些表现关系，或者可以说是方法，大部分时间均是以复杂的空间形态、综合的运用手法呈现于人们眼前的。一个简单的空间主次关系，内部子空间很可能还镶嵌着穿插、包含。所以在分析多空间的组织时，一定要将对象的层次关系事先梳理清晰。灵活、复杂，而又多变的空间关系使我们在环境中充分享受着体验的乐趣。它们之间可以有丰富的对比与变化、重复与再现、衔接与渗透、层次与节奏等。

配合空间丰富多彩的组织与呈现，过渡是一个不容忽视的重要方面。当用于过渡的空间作为一个独立空间出现时，功能上具有完整性。它或者具有自身独立的功能，例如酒店中联系走廊（或后厨）与包间空间的备餐间（也有两个或几个包间共用一个备餐间的情况）；或者仅作为交通空间的一个组成部分，例如两个不同表现主题的空间，它们之间的过渡空间就是纯粹的通道，为了避免前后空间直白出现对人的心理产生过于生硬和突然的感觉。这类独立的过渡空间在设计中应注意不要与前后联系的空间“地位均等”，这样很容易产生喧宾夺主的印象，而应该以低调的姿态出现，不过分突出，不引人注目。它就是

一个辅助性的存在，服务于前后联系的空间。当过渡的空间作为前后空间的一个局部时，它会显得更加“低调”，不容易引起体验者的注意。但是，在空间组织中它又是那么重要。一方面，它可以融合联系空间的设计形式，使人的视觉产生平稳的过渡；另一方面，在功能上它起着连接作用，缓和着原本因直接碰撞而较突兀的空间关系。

总之在设计中，应该强调空间的丰富性，同时保证总体空间整而不散。以对空间的使用功能需要为基本出发点，兼顾多空间组合整体效果的美感。在设计中体现出对于艺术的追求，以及对于人性的关怀等。

b. 空间的序列。空间的组织与联系会产生空间的序列。序列本身为数学名词，是指对象（或事件）、元素之间按次序排成的行列，具有极强的规则性。

空间的序列是对于总体空间而言的。它在实用性与精神性两个方面都发挥着很好的作用。

序列空间的展开一般沿着空间的主要交通流线，整个过程经历起始、过渡、高潮、结局四个阶段。有时在高潮之后还特别增加一个小的过渡，总共五个阶段。序列空间常被比喻为音乐，悠扬婉转，具有鲜明的节奏感，起始阶段是空间序列的开端，犹如大门，通常情况下被处理得轻柔、舒缓，使人在不经意间就已经成为序列的体验者。过渡部分作为高潮的前奏，起着铺垫的作用，就好比到达厅堂之前看到的前院，可以埋下重重伏笔，吊足人的胃口，使人更加期待高潮的来临。高潮部分是空间序列的主体，在空间组织上处于极其突出的位置，前面的漫步、伏笔全是它的陪衬，在这一阶段，空间所有要表现的内容和主题思想可以尽情地放开，引起人们情感的共鸣。而结局部分是空间的收尾，经历了高潮的冲击，人们的精神在此可以得到缓冲。一般地，空间序列结局的设置方法并不单一，为了令人回味，可以留取一定遐想的空间，不做死做足。

在设计中，空间序列是多空间构成的一种很有成效的方式。它可以使各构成空间的功能更加合理，主次空间更加明晰。在影响人的精神状态方面，发挥着不可替代的作用。

在构成知识体系中，空间构成是最难以理解，难以掌握，也是最为重要，最为基础的部分。对于空间的认识和理解不仅是环境艺术设计基础中的基础，同时也是色彩环境构成与光环境构成的前提。这部分的内容虽然抽象，但也绝非完全不能领会。只有多多总结与思考自身生活中的具体体验，这样才能使逻辑性抽象思维与形象思维有机结合，提升对于空间形态构想的时效，使空间构成理论真正融入自己的知识体系中。

（二）空间环境的类型

环境的类型与人类生活方式有着密切的关联，一种特定的类型是一种生活方式与一种形式的结合，尽管它们的个体形态因不同的社会形态而有很大的差异。但是，类型可以从历史的场景中提取，这是因为环境不只是物质的，而且是具有生活记忆的客体，所以，环境的形式只是表层结构，而环境类型则成为一种深层结构。

1. 城市广场

（1）广场功能

广场是一个特定的环境，公共性强，人流量大，拥有大量信息，它具备“目的性活动”和“非目的性活动”两种功能，尽管广场的交往活动具有短暂性、有限介入性的特征，但这类相互交往活动因面对面的真实性使之产生了巨大的吸引力，它是城市空间中不可缺少的，也是城市其他地段无法替代的一种特殊功能。所以，广场的建立既要考虑广大市民的日常生活、休憩活动，满足他们对城市空间环境日益增长的艺术审美需求，又要重视现代城市广场愈来愈多地呈现出一种体现综合性功能的发展趋势。

（2）广场主题

广场作为城市空间艺术处理的精华，它总是要体现一个城市的风貌、文化内涵和景观特色。因此，广场的主题和个性塑造是一个重要因素。例如，北京天安门广场作为首都城市空间的中心，它的主题并非是休闲活动的场所，而是定位于“目的性活动”的政治性广场。然而，西安的钟鼓楼广场则以浓郁的历史背景为依托，以钟楼为第一主题，辅以鼓楼和传统的街市片段，并且结合现代的城市广场设计手法，为游人创造了一种平和而深厚的历史感，使人们在闲暇徜徉中获得知识，了解城市过去曾有过的辉煌。

（3）广场形态

在现代城市广场设计中，有平面型和空间型两种空间形态，其中平面型是最为常见的，如上述的天安门广场就是属于平面型广场而西安的钟鼓楼广场则是空间型广场。然而，在现代城市规划设计中，由于城市空间和道路系统趋于复杂化和多样化，因此，空间型的广场形式越来越受到人们的关注。

（4）广场尺度

尺度是人们进行各种测量的标准，广场尺度的重要一点是尺度的相对性问题，也就是广场与周边围合体的尺度匹配关系，与人的行为活动和视觉观赏的尺度协调关系，所以在环境中形成了物体尺度和人体尺度。

卡米洛·西特曾指出，广场最小尺寸应等于它周边主要建筑的高度，而最大尺寸不应超过主要建筑高度的两倍。当然，如果建筑较厚重，且宽度较大，亦可以配合一个较大的广场，这里强调了物体尺度，而人体尺度在广场中也具有同样重要的地位。日本建筑家芦原义信提出的以 20 ～ 25 m 作为模数来对外部空间进行设计，反映了人的“面对面”的尺度范围。总之，广场长宽比是一个重要的尺度控制要素，但由于广场的形式变化万千，不尽规则，所以很难精确描述和限定，只能以经验表明，一般矩形广场长宽比不大于 3 ∶ 1。

2. 街道景观

城市街道与道路是一种基本的城市线性开放空间，它承担着交通运输的任务，同时又满足于市民之间的交流和沟通，并将市民引向某一目标，它是城市中的绝对主导元素。街道景观则由天空、周边建筑和路面构成。天空作为实体建筑的背景存在，变幻多端，四时无常，而路面则起着分割或联系建筑群的作用。

（1）水平意象

街道作为城市的视觉形态必然反映出动态的发展特征。在城市轮廓线中影响力最大的是建筑物，它和城市特定的地形、绿化水面组成了丰富的空间轮廓线。城市作为一个整体以水平方向的远景方式被观赏着，它的天际轮廓线将会留下最为强烈的印象，引发人们更多的想象，如北京舒展而平缓的故宫建筑群，正是以水平的横向展开，给人以强烈的视觉感受，对城市特征的表达起到了极为重要的作用。

在城市干道中，人们可以获得良好的视野，道路两边的建筑物呈现出连绵的“画卷”，并且人们随着不断行进的节奏变化，而全方位地体验景观轮廓线的存在。所以，城市开阔地带具有广阔的视野，是水平展开度最大的观赏地点，连续而广阔可以产生令人兴奋的“巨幅长卷”。

（2）垂直意象

从空间角度看，街道两旁一般有沿街界面组成比较连续的建筑围合，这些建筑与其所在的街区及人行空间成为一个不可分割的整体。特定的街景可以形成重要的意象特征，并且具有强烈的影响力，如北京的王府井大街，上海的南京路、淮海路等商业街，都会给人们留下极为深刻的印象。人们总是把一连串的商店、店铺联系在一起，构成线形的区城，特别是在熙熙攘攘的人流中，狭窄的街道，总是突出其垂直方向的对比和色彩的强烈刺激，高大的商业招牌和拥挤的人流汇成了独有的街道景观。

然而，景观的意义是必须依靠人的眼睛来完成的。那么，以人眼的构造特点和视觉习惯，人们形成了观看景物的一般规律。当观赏距离与被看实体的高度相等时，人们大多倾向于注视建筑物的细部；而当观赏距离大于被看实体的高度时，其景观效果就发生了变化，这时，人们更多的是注视建筑整体形象，或者使视觉涣散而扩展到周围的景物。

3. 区域空间

所谓区域是指某一个体或群体所占的空间范围，它在城市空间中可以有明显的边界，如围墙、绿化带等。也可以是一种象征性的限定，如一个标志物、界碑、牌楼等。特征是其主题的连续性，并且通过基地的肌理、标高、建筑形式、轮廓线、功能等变化来暗示出空间的界限。

（1）城市中心区

城市活动可分为公共性和私密性两大类行为，公共性是聚集式的交往行为，而私密性则表现为个人及家人的活动，它保持着个人的隐秘性。然而，对于任何一个城市人来说，城市公共活动是其生活中必不可少的一个重要组成部分。为此，城市中心区就成为人们公共性活动的主体区域，它是城市的核心部分，其功能构成主要是行政办公、商业服务、文化娱乐等。

城市中心区的结构组成和形态实体，表达了人们不同的生活方式、社会组织形式和价值观，它在人们心目中有极高的地位，并且是人们积极参与的、最有活力的区域，同样的购物、娱乐等在中心区内具有极高的“心理”附加值。所以，城市中心区的功能组合存在着多种可能性，从城市运行机制来分析，它具有公共活动性强，建筑密度高，交通指向性集中等特征，这些特征在以商业、金融为主要功能的城市中心区更为明显。

（2）城市居住区

住宅是家园的核心，是为人们提供舒适、安宁、充实生活的构筑物，它总是以一定的方式来体现其领域的存在价值，并保持其自身的独立性。例如，采用围墙、绿篱、大门、牌楼等方式来体现中国传统居住中“院”的概念。特别是在现代城市居住区中，这种领域的占有意识愈加明显，这主要表现在对特定空间范围的占有与控制上。行为方式具有较强的规律性，任何一个陌生人进入某一个体或群体领域范围时必然会使人们提起警觉，并采取相应的防卫措施。所以，领域对于人们而言，它在人的心理中产生进入“内部”的感受。

（3）城市公园

一个城市的特征和可居性大多决定于开放空间的本质及安排方式，城市公园在城市中作为一种开放性空间，体现了为人创造的理想空间——突出的领域

属性，其满足人们娱乐需求的能力远超过邻里或社区层面，它包括系统的公共集聚空间和设施。例如，市场、广场、水池、动物园、历史遗迹、室外剧场、运动场等。这些魅力无穷的场所，激发了人们奋发向上。

界定开放空间可以在形态上与自然环境有效地区分开。“公园在城市中”正在逐渐向“城市在公园中”转化，这种转化表现在构成城市公园的重要元素，如绿地、树木、水体等逐渐增多，而且在公园中，在获取阳光、空气和美丽的浮云方面有着明显的优势。同时，在如同艺术品一般的城市公园中，人们能够体验到一种充满人性的“人的世界”。

（三）空间景观的素材

城市环境是人类有计划、有目的地利用、改造自然而创造出来的高度人工化的环境。最好的城市环境在于它给人提供了最佳的生活体验。在很大程度上，一个宜人的城市应该是对时代、地方和文化特征做最佳的表达和反应，具有多功能性，能为人们提供便利，同时是理性和完备的。城市需要建立一种秩序，而这种秩序是功能性的，它能给人们带来灵感和愉快。

环境艺术寻求的是一种景观的意义和动人的意象，它常以巨大的尺度在地面留下人工开发的痕迹，通过绿化、水体、小品、标志、色彩等环境艺术的素材，以使人们对栖息所的意识更鲜明。这种景观的视觉形象同它的生命力及活动是和谐的，并且是由相互平衡的力持续作用而形成的。

1. 绿化

（1）绿地

在城市环境中，人工草坪是极富有观赏价值的，它能够满足人们视觉上、心理上的愉悦。然而，草坪不能承受密集的交通，还需要充足的水分。从生态学的角度看，草坪吸收二氧化碳，放出的氧气不及树木的一半。所以，设置草坪是一项比较昂贵的项目，特别是在缺水地区更是不宜采取这种方式。为此，在环境设计中，设置草坪应当适中，并配置低植被和灌木来取代单一的人工草坪，这样使草坪的形式多样化。同时，应当考虑土壤和气候的因素，选择最佳的草种，以适应环境。此外，还应考虑人的活动需求，在草坪中铺设一些乡间式的小路（如卵石石块或石板等），使人能够参与到草地之中，去体验由绿色环境带来的一种富有情趣的空间氛围。

（2）树木

植物作为室外空间组织的要素之一，有其重要的意义。树和灌木是基本的植物材料，树木实质简单，形式多样，经济耐活，不同的树种有不同的特定效果。灌木具有人的高度，是有效的空间构成者，它们是私密性的屏蔽，又是行动的藩篱；乔木在特定环境的影响下会产生各种迷人的形式，并且随着其成长和树龄增加而变化。同时，树木是对环境控制的主要手段。夏季可以纳凉，调节周围环境气候，引来鸟类栖息，这是一种文化的赋予，也是一种生态化的生活方式。

2. 水体

水是自然中最为重要的生存要素。水引入环境艺术的设计中可赋予其特定的含义，动态的水呈现生命之谜，静态的水表达统一和静止。水是一种极富变化和神奇的物质，如喷水、激流、小溪、水幕等，其形式多样、变化无穷却又具有统一性，并给人凉爽和愉悦的联想。

（1）静态水体

如果水面是静止的，那么，它能形成镜面的效果。只要水面满盈而没有波纹，而且边缘又敞开，它就会反映瞬息万变的天空。水面如果低而暗，它能反映附近的日光照射的物体的影像。如果水很浅，将池底涂黑，就能加强反射性。在炎热酷暑的季节中，在浅水中做嬉水游戏是人们最为愉快的，特别是儿童愿意接近水。所以，水体设置是环境艺术设计中最具有创意的设想。

（2）动态水体

动态的水能使水体回旋或潺潺而流，像瀑布的飞流直下，使人通过听觉和视觉，顿然升起一种内心的喜悦和畅快。人工动态水体多鉴于大自然的种种水态，其中尤以“喷泉”的形式最多，瀑布、水幕、溪流、壁泉等也经常在造园中使用。随着科学技术的不断发展进步，各种形态的水景出现在环境艺术设计中，如漩流、间歇泉以及各色各样的音响喷泉等，花样繁多，层出不穷，几乎能随心所欲地创造出各种晶莹剔透、绚丽多姿、形态万千的环境水态。

3. 铺装

硬质地面的铺设有助于形成环境场所的视觉特征，并能成为非常实用的活动空间。如成年人的运动（打球、做操、跳舞等）、儿童的游戏（骑车、滑旱冰等），都能使人们在行为中获得对环境的控制权。

（1）天然块材

石材虽然昂贵，但却是很好的铺地材料，它耐久、美观，加工工艺众多，而且色彩、特性和质感都有很大的选择余地。岩石经常用在造园中，成为非常理想的石材，特别是经过风吹雨淋之后，其表面的纹理、色彩和质地都具有很

强的表现力。人们将它们加工成型，成为铺地石、块石板材、岩片等。

（2）人工块材

①混凝土块。混凝土块是一种强固耐久、经济实用的材料，它作为现代建筑最主要的材料来源，被普遍地应用。在环境艺术设计中，选用混凝土作为硬质地面的基本材料也是可行的。但是大面积的混凝土看上去不美观，因为它的色调呈浅灰色，会使人感到一种单调和乏味。所以，在使用它时应当改变其形象，可以加进色素等其他材料，使其变得丰富多彩，并且可形成磨光和拉毛的质地效果。

②地砖。地砖是当前比较流行的造园素材，它品质优良，效果突出，是户外铺地的理想材料，而且色彩、纹理和质地品种很多，能够根据设计要求铺成各种各样的图案和有趣的图形。

（3）泥土

泥土本身很少被认为适合做成最终的地面，因为易受侵蚀，干旱时有灰尘，潮湿时泥泞。但是，适当地选用仍不失为一种适宜的选择，尤其是将泥土添加沙子，人走在上面柔软而安全，作为儿童游戏的地面材料是最理想不过的。如果将泥土与树林结合，形成一片自然的地貌会使人体验到一种乡间的情趣，从而丰富了环境的艺术氛围，同时，也调解了人的心情，满足了人的不同需求。

4. 建筑小品

建筑小品作为城市外部空间的环境设施，其目的是给人们提供休息、交往的方便，避免不良气候给人们城市生活带来的不便。虽然建筑小品不是城市空间构成的决定要素，但在空间实际使用中给人们带来的方便也是不容忽视的。环境中的座椅、废物箱、广告标志、电话亭、自行车棚、休息亭等，都会为城市环境增色，并起到意想不到的效果。

（1）实用设施

①休息设施。像环境空间中的条凳、座椅、桌子、廊架、亭子等，都是为居民提供良好的休息与交往的场所，使空间真正成为一个“活”的环境。人在其中能够充分地开展娱乐活动，并形成一种可停留的空间场所。

②方便设施。像电话亭、书报亭、垃圾箱、自行车棚等，都是为人们提供方便的公共服务，因此也是城市社会公益事业中不可缺少的部分，同时，也体现了城市环境的文明程度和人情味。

（2）标志设施

在城市环境中，标识广告牌和地名牌等外部环境图示具有视觉识别的作用和活跃环境氛围的效能。一些标志性设施作为一种符号存在，其意义有直接和间接两个层面：说明商业信息、地点和禁忌是其“直接”的用途；而其特定的造型、形式和引申的意象则是人们获取的“间接”的信息。因此，在现代城市中，有许多信息都必须通过专门设计的广告、标识来传达。

（3）环境雕塑

环境中的雕塑纯粹是为了视觉的象征性而设置的。例如为纪念一位杰出的人物和事件而设置纪念性雕塑，或者为美化城市空间而设置的抽象雕塑。这些扣人心弦、受人喜爱的地标，往往是一种有组织的时间与空间的精神意象。

三、色彩环境的构成

色彩，从原始时期开始便已经是人类认识世界的极其重要的因素之一。人们对于色彩的感知是一个复杂、神秘而又快速的过程。色彩，能够使人的精神振奋或者忧郁，还能够使人的情绪平静或者激动。总之，感知色彩让人变得快乐。可以毫不夸张地说，生命因为有了色彩充满着无穷的魅力，生活因为色彩更加妙趣横生。

我们周围的环境，是饱含色彩的，没有任何组成元素可以脱离色彩，这是客观存在的事实，任何事物不会因为视觉是否能够感知而消失不见。色彩环境构成是一个比较系统和完整的认识色彩的理论，它将复杂的色彩表面现象还原成基本构成要素，设计师通过探讨色彩物理、生理和心理等特征，运用构成的基本方法，达到期望的设计效果。

（一）认识色彩

1. 光与色彩

光是一种在一定波长范围内的电磁辐射，是人们感知色彩的前提条件（还必须存在供感知的客观对象，以及拥有正常的视觉）。眼睛接受光的刺激后将信息传入大脑的视觉中枢，由此产生了人对于色彩的感觉。

1666 年，牛顿发现了光谱，使人们认识到白色光其实是由七种色光混合而成的。白色光被称为复色光，太阳光、白炽灯发出的光都是复色光；而七种色光则是单色光，它们不能被进一步分解。光具有波的特性，不同的波长决定了光的色彩属性也不相同，强度由能量所决定，波长相同而能量不同，所反映的色彩的明暗程度也就不同。科学证明，在光的组成中，只有波长在 380 nm 至 780 nm 的电磁辐射可以被人的视觉所感知，这就是可见光的范围。在生活中，

所有可以被视觉直接感知（不借助专门的仪器设备）的光均是可见光。

2. 色彩的分类和三要素

（1）色彩的分类

色彩分为有彩色和无彩色两大类。

有彩色是指红黄蓝绿等带有颜色的色彩。从物理学角度分析，物质实体本身并没有色彩，当光源发出的色光直接进入视觉，人的眼睛能够通过对不同波长色光的吸收、反射或透射，显示出某一种色彩的样貌，这就是有彩色。

无彩色是没有颜色的色彩，即黑白灰。这是当光源发出的色光直接进入视觉而并没有显示某种单色光的特征。

（2）色彩的三要素

色彩的三要素是色彩最基本、最重要的构成要素，是界定色彩感观识别的基础，指色彩具有的明度、色相和纯度。

明度指色彩的明亮程度，由振幅所决定。所有的色彩都具有自身的明度值。明度最亮的是白色，最暗的是黑色。黑白之间不同程度的明暗强度划分，称为明暗阶度。明度具有独立性，是色彩的“骨架”。

色彩有着色调的变化及自身的“相貌”，这就是色相，由不同的波长决定。我们所认识的基本色相为红、橙、黄、绿、青、蓝、紫。色相是人对于色彩的第一印象，是色彩最直接的代表，是色彩的“灵魂”。

纯度指色彩的鲜艳程度，也就是饱和度、彩度。由于眼睛对不同波长的光辐射有着不同的敏感度，感受到的色彩纯度也就不同。所有的有彩色都具有纯度，而无彩色没有纯度，或者可以看作纯度值为零。红色纯度最高，蓝色、绿色纯度最低。

在空间环境中，一般而言，色彩的三要素都是综合存在的。不同的三要素属性带给人们的视觉感受也不相同。

另外，色彩还有着其他一些相关要素，如色温，即以温度的数值来表示光源（自行发光的物体）颜色的特征，用绝对温度“K”表示。例如晴天室外光的色温为 13000 K、斜射 45° 的日光色温为 4800 K 等。另外人们在不同环境下观察到的色彩与在日光下看到的色彩是有差别的，这就是光源显色性的变化，它用来表示色彩准确显示能力的强弱。显色性的不同是由光源的光谱能量分布决定的。

3. 色彩混合

两种或两种以上的色彩经过混合而产生出新的色彩，称为色彩混合。由于色彩混合的对象、方式及原理不同，有三种混合的情况，即加色混合、减色混合、并置混合（也称为中性混合）。

加色混合是色光的混合，产生出的新的色光明度是各用于混合的色光明度的总和。前面提到过的七色光混合产生白色光就是加色混合。生活中电视、电影、计算机等显示的色彩混合都是加色混合。

减色混合是色彩颜料的混合，是物质性的，产生的混合色明度降低，纯度下降。例如，红色颜料与绿色颜料的混合色为色彩倾向不十分明确的深褐色。用于混合的色料越多，产生的混合色明度越暗。

另外一种色彩混合是基于视觉生理特征的混色形式，称为并置混合，或者中性混合。例如，眼睛会对组合在一起的小色块进行混合、色盘发生旋转时也会产生色彩混合效果（红橙黄绿青蓝紫的色盘旋转，混合色呈现浅蓝）。这种混合所形成的混合色的明度是各原色彩的平均值。它包括颜色旋转和空间混合两种方式。

4. 色彩的视觉认知

环境中的色彩，其能够被辨认识别的程度称为色彩的视觉认知度。在生活中，常常需要提高这种认知度来引起人们的注意。例如，用于安全性的各类警示标识必须要清晰、明确和醒目；商品处于琳琅满目的货柜内，必须比其他商品的色彩运用更具有跳跃性，才有机会第一时间进入人们的视线。

色彩中的明度是影响视觉认知度的第一要素，增强明度对比是提高认知度的最有效方式。如国际通用的警示标识使用黄色和黑色的搭配，明度差异极大；医用红十字则是用红色配在白色的底色上，也是为了增大明度差。

色相与纯度也可以影响色彩的视觉认知度。对比越强烈的色彩搭配，其认知度越高、越醒目，如紫色与黄色的搭配。而纯度很高的色彩在与无彩色搭配使用时也非常突出，如医用红十字的标识。

5. 色彩的表示方法

为了更好地研究色彩关系，更方便地查找和使用色彩，人们探索出很多成功的色彩表示方法。

色相环是研究复杂色彩系统的基础，也是人们认识和了解色彩关系最直接也是最简单的方式。不同的色相环存在着一些差异，如色阶的数量不同，具体到每种色彩的对应关系也不一样。人们常提及或常用的色相环有牛顿色相环，它是早期比较简单的色彩表示方法。还有伊顿色相环，它在处理色彩关系对称方面较为优秀。

使用三维交叉结构表示色彩三要素变化秩序和内在性质特点的色彩立体模型被称为色立体。典型的色立体有奥斯特华德色立体，以系统的对称性作为其一大特点。还有孟塞尔色立体，是一个开放的系统，能够允许增加更多的色阶，具有明度、色相、纯度三要素的视觉等步的限制，是目前国际普遍采用的标色系统。

此外还有 CIE 表示法，是国际照明委员会以测谱学为基础，用于比较和参考光源的色彩系统。它能够翔实准确地显示不同光源的色彩变化，具有非常大的实用价值。

（二）色彩环境的性格表征

我们都有过这样的经验，喜欢红色，因为它热情、喜庆；不喜欢偏灰色的黄绿色，因为它给人的印象是变质发霉的食物或者腐烂的树叶。一件黑色的衬衣，任何时候拿出来穿，它都是黑色的。皮肤明明是偏黄色的，为什么在舞台上随着光色的变化看上去发绿色或者红色呢？这些表现特征其实都是色彩这种构成要素所独有的，具有色彩的性格。研究色彩环境的性格表征，有利于我们更好地掌握色彩构成知识。

1. 色彩的恒定性与不定性

生活中，我们对身边的环境与存在的物体都非常熟悉，就算是闭上眼睛，还是可以很快回忆起“门是白色的；墙刷成了米色；窗帘是浅蓝色的”等色彩环境的表现。这种深刻的印象不会因为早上、中午，或者是靠人工光源照明的夜晚而有所不同。这种色彩主观地保持了它的连续性特点，被称为色彩的恒定性。

其实，生活中的色彩会随着光源性质的不同，或者光线的强弱时刻发生变化，这是色彩的不定性。人们觉得周围的物体颜色没有发生改变，是因为视觉对于熟悉的事物会有对于色彩变化的迟钝反应。当一个柑橘在日光环境中时，会呈现为橙色，当将它放置在黄色光源下时，看起来会偏红。鲜艳的红色在明亮的光线下会更加明艳发亮，而当光线越来越弱时，它会看起来偏暗红色甚至靠近于黑色。一般说来，人们对于陌生的环境或者物体，视觉的色彩敏感度会较强。

2. 色彩的性格

海伦·凯勒说：“联想使我能够说出白色是高贵而纯净的，绿色就是枝繁叶茂，红色象征着爱情、羞涩或者力量。如果没有色彩或者对色彩的联想，我的生命将是晦涩、单调甚至是完全的黑暗。”这种表述是建立在她对于色彩表现性格的概念中的。为什么我们会认为红色表示喜庆；而有些国家的人民则偏爱绿色；还有在以往的习俗中，欢庆的日子不可以有黑色。这是因为每种色彩都有着自己的性格，其形成受很多因素的影响和制约，大致可以分为自然因素、社会因素、个人因素三类。

（1）自然因素

在自然界中，红色象征着血液，因此它是危险、恐怖的信号，但同时它也代表了美味的食物，从而引起兴奋。黄色和黑色搭配则表示危险，所以这样的色彩组合通常用于警示标识，来引起注意和警惕。

（2）社会因素

社会因素对色彩性格的产生与表征有着广泛的制约作用，表现在多个方面，其中有社会习惯、民族文化差异及多样性、时代的变迁、政治的影响等。例如在传统的西方社会，黑色向来不会受到欢迎，因为依据社会习惯和民族文化，它使人们联想到悲伤与死亡，但是到了今天，黑色的设计屡见不鲜，它看起来高贵、典雅，具有无穷的吸引力，这是时代变迁的结果。在政治领域，红色具有革命、奋进的感情色彩；而绿色则是信仰伊斯兰教国家最为神圣的色彩。

（3）个人因素

撇开自然与社会因素的作用，每个人在面对色彩时的感受都会不同。这是由个性、年龄、性别、种族、受教育情况，以及具体的生活经验的差异所引起的。研究表明，随着年龄的增长不少人偏爱的色彩由暖色变为冷色；各国人民的色彩喜好也不尽相同。

在环境艺术设计中，色彩多层次的性格表征可以带来新的思考角度。既然绝大多数的感觉都与经验息息相关，那么在设计时应将抽象的色彩与具体物质实体联系起来，在人们可以正常理解的范围内，以具体使用需要为出发点，勇于打破常规，进行创造性的色彩构思与构成搭配。

（三）色彩环境的构成基础

在环境艺术设计中，我们希望通过色彩的运用来使视觉感受更加有趣。更为重要的是，色彩的合理运用，可以为环境带来和谐统一的视觉效果。优秀的色彩构成，可以做到在对比中求得和谐，在调和中包含对比的情趣。对比与调和，是色彩构成的两项基本原则。

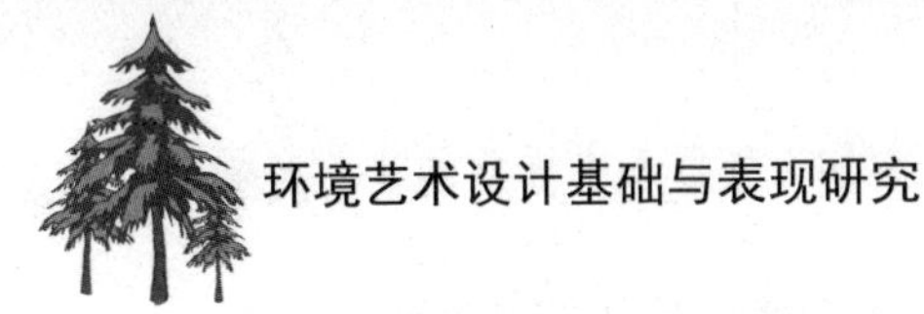

1. 色彩对比

利用两种或两种以上的色彩形成一定的色彩间的差异，称为色彩对比。

（1）色彩对比的形式

色彩对比有两种基本形式，即同时对比与继时对比。这是从不同角度出发引起视觉不同反应的表现形式。

同时对比，就是在同一时间、同一环境、同一现场的条件下进行的色彩比较。因为具有最为直接的比对，所以这种对比方式最容易感受到色彩间的细微差异。继时对比是在不同时间，或者是由不同地点所造成的，具有视觉先后顺序。这类对比不具备同时性效应，所以一些微小的色彩差异不容易被感觉。

在空间环境中，除非拥有两种或两种以上色彩的物质实体并置，才会发生同时对比。一般说来，人们观察空间环境的时候，视线会不停地发生转移，从而看到的不同色彩都是继时对比产生的结果。

（2）色彩三要素的对比

色彩三要素明度、色相、纯度的对比往往不是彼此单独出现的，而是复合发生，综合作用的。

①明度对比。明度对比即色彩明暗程度的对比。单纯的明度对比，可以选择一个标准的灰度加黑加白来实现，调制出的序列通常可以分为9个阶段。以每3个阶段作为一组，可以定出三类明度基调：低明度基调（以相邻的3个低明度色阶为主），产生出的色彩构成厚重、强硬刚毅，具有神秘感，但也较为阴暗，易使人产生悲观的情绪；中明度基调（以3个位于中间的中明度色阶为主），构成效果朴素、庄重，但同时也因为平和易产生困倦与乏味；高明度基调（以3个高明度色阶为主），特点为亮丽、清爽，可以使人感受到愉悦，而且不易产生视觉疲劳，但易有轻飘的感觉。

不同明度色阶的构成还可以形成明度不同级差的对比。明度差在3级以内可以构成明度弱对比，称为短调，效果柔和平稳；在5级以内构成明度中对比，谓之中调，效果平均中庸；在5级以上则构成明度强对比，亦为长调，表现出的体积感和力量都很强。

明度基调与明度对比相结合，可以形成明度的9大调，即高长调、高中调、高短调、中长调、中中调、中短调、低长调、低中调、低短调。表现效果各有特点，应结合具体环境而定。

②色相对比。由色相的差异形成的对比即色相对比。我们可以利用色相环来研究这种对比关系。色相环中，运用相距角度在15°以内的色彩（如红色与

红橙色）形成的色相对比为同类色对比，可以产生柔和、含蓄的视觉感受；相距角度在30°的色彩（如红色与橙色）形成的对比为类似色对比，构成效果和谐统一，在设计中最为常用；相距角度在60°至90°（如红色与黄橙色）的色彩对比为邻近色对比，表现效果同一、活泼；相距角度在120°（如红色与黄色）的色彩对比称为对比色对比，表现效果饱满、华丽，在设计中常用于商业空间、娱乐空间等环境中；180°位置（如红色与绿色）的色彩对比则是互补色对比，视觉感受刺激、强烈，大面积使用容易使整体空间环境不和谐。

在实际设计中，色相对比并非一般死板套用理论，只要懂得了构成的规律，就完全可以灵活应用它。一般应根据具体空间环境的表现需要，确定主体色彩和与之相协调的配色。

③纯度对比。由不同纯度构成的对比形成色彩的纯度对比。与明度相同，它也可以分为三类基调。低纯度基调：构成的空间环境暗淡、消极，没有很强的吸引力。中纯度基调：构成的整体空间环境纯度关系体验较为舒适、自然。高纯度基调：构成的空间环境色彩艳丽，有很强的视觉冲击力，容易成为空间的色彩重心。

纯度不同级差的对比可以形成具有不同表现力的三类对比。纯度弱对比：空间环境中各色彩的纯度稍有差别，表现关系较为平和。纯度中对比：空间环境中各色彩有相当的纯度差别，形成的纯度关系最为稳定，视觉感受良好。纯度强对比：空间环境中各色彩的纯度差别很大，可以使高纯度的色彩更为突出。

（3）色彩环境对比需注意的方面

首先应当注意的是，在实际使用中是将色彩的三要素结合在一起来考虑色彩环境构成关系的，单一关注其中一种是片面的。所以，我们务必要以科学的视觉理论作为出发点，为了营造和谐、舒适，视觉感受良好的空间环境，重视色彩构成理论的整体灵活运用。

其次，应该认识到色彩对比所传达出的环境冷暖感受。这种冷暖并不是物理学上的实际温度感觉，而是指视觉上和心理上相互体验并相互关联的一种知觉。暖色热烈、具有前进性和冲击力，容易产生膨胀感，如红色、橙色、黄色；冷色寒冷、后退、收缩，冲击力不及暖色，如蓝色、蓝绿色。在空间环境中，暖色与冷色一般不等量使用，而是选取一种作为主体色。

最后，注重面积对色彩对比的影响。在空间环境中，某一种色彩的使用面积越大就越能够优于其他色彩吸引眼球，从而成为营造空间环境的主体色彩。

（4）色彩对比在环境中的作用

学习色彩对比，是为了在空间环境中更好地营造和谐的色彩氛围。优秀

的色彩对比关系，绝不会使空间中各种物质实体产生对立，而是通过对比使空间更加富有视觉层次感，使主次关系更加突出，从而在对比中产生一种平衡的和谐。

2. 色彩调和

完善空间环境的色彩关系，除了掌握色彩对比的构成变化规律外，色彩调和也是必不可少的，是影响色彩和谐关系的重要方面。

色彩调和是指在两个或两个以上色彩之间通过一定的调整方式，使其组织构成具有符合人们创造目的的，均衡、统一的状态。

（1）关于色彩调和的学说理论

关于色彩调和的研究历史久远，产生的多家学说为现代色彩环境构成调和的方法和理论起到了很好的铺垫和基础性作用。其中，以孟塞尔、奥斯特华德、蒙恩、斯宾赛等学者的理论最为著名。

①孟塞尔色彩调和论。孟塞尔色彩调和论以色彩的互补关系为基础，重视色彩的平均调和效果。认为最单纯、和谐的色彩调和效果是同色调低亮度色彩与高亮度色彩的组合，利用近似色调的亮度差与纯度差，就能够获得理想的配色。但是其理论存在着一定的不足，如没有涉及无彩色，以及认为所有的色彩互补均能产生调和的论调，有一定的盲目性。

②奥斯特华德色彩调和论。奥斯特华德色彩调和论具有较强的系统性，以由白色量、黑色量、纯色量的配合比例产生的色彩体系为依据，系统讲述色彩调和的规律。其中涉及许多认为能产生和谐效果的具体配色方法，有很大的实用性。

③蒙恩、斯宾赛色彩调和论。蒙恩、斯宾赛色彩调和论借鉴并吸收了很多色彩调和学说的科学内容，有着很强的综合性和普遍性。该理论以孟塞尔色相环为依据，通过分析排列色彩的属性差异，提出了调和区域与不调和区域的观点。对调和程度、配色与面积的关系也均有论述。

这些学说理论具有很大的代表性，但受时代与认识水平等客观条件的限制，也都存在一些问题。现代色彩环境构成基础正是在不断批判与继承的过程中发展、进步、充实的。

（2）色彩调和的方法

色彩调和经过广泛而长期的实践，有很多行之有效的方法，非常具有实用价值。常用的有以下几类。

①同一调和。当色彩搭配存在鲜明差异时，可以通过增加各色的同一因素，

也就是共性因素，使情况得以缓解。这就是同一调和构成。

a. 单性同一调和。单性同一调和包括同明度调和、同色相调和，以及同纯度调和。同明度调和：具有相同明度，不同色相与纯度的色彩构成，效果典雅。同色相调和：使用色相相同，明度与纯度不同的色彩组成搭配，统一感强烈，但缺少动感。同纯度调和：使用具有相同纯度、不同色相与明度的色彩构成，但需注意的是这种调和以低纯度为依据，互补色不包括其中。

b. 双性同一调和。以三要素中的两种为依据进行的调和也可以产生色彩和谐的效果，包括同一色相同一明度调和、同一色相同一纯度调和，以及同一明度同一纯度调和。

使用混入同一种有彩色或者无彩色，使不协调的色彩向混入的色彩靠近，可以产生调和；将具有排斥感的色彩混入对方的色彩中，使之向对方色彩靠近，可以产生调和；在具有不协调感的色彩分别点缀同一种色彩，或者相互点缀对方的色彩，由此可以产生色彩调和。

②类似调和（近似调和）。选择很接近的色彩进行组合，或者缩小色彩三要素之间差别的方式称为类似调和，也称为近似调和。它能够比同一调和产生更为多样的变化。当然，这里说的接近的色彩是在色立体中相距阶段较少的色彩。

③秩序调和。将原本具有强烈视觉刺激性或者表现性很弱的色彩组合按照一定的次序进行排列，使它们之间的关系变得柔和的方式，就是秩序调和。秩序感可以为视觉带来平稳感，是控制色彩表现效果的有效方式。

④隔离调和。通常，无彩色或金银光泽色的加入（描绘出边线或者面）可以缓和色彩间不和谐的关系，这种隔离的方式称为隔离调和。它可以在调和色彩构成关系的同时增强色彩的丰富性。

此外还有面积悬殊调和（通过调整构成色彩的面积搭配进行调和）、聚散调和（使搭配不协调的色彩分散或者组合）、位置调和（通过位置的重新调整使色彩调和）等。

（3）色彩环境中不调和问题的解决

在设计中，色彩搭配会产生出一些具体的、不调和的问题。正所谓具体问题具体分析，以下解决办法可供参考。

①单调：应该使颜色出现多样性的变化，注意面积、形状、位置的变化。

②灰：应该适量减少灰色的面积，扩大纯度色与灰色之间的色彩差距。

③脏：可以加入少许干净的，纯度较高的色彩，或者可以考虑加入更脏一

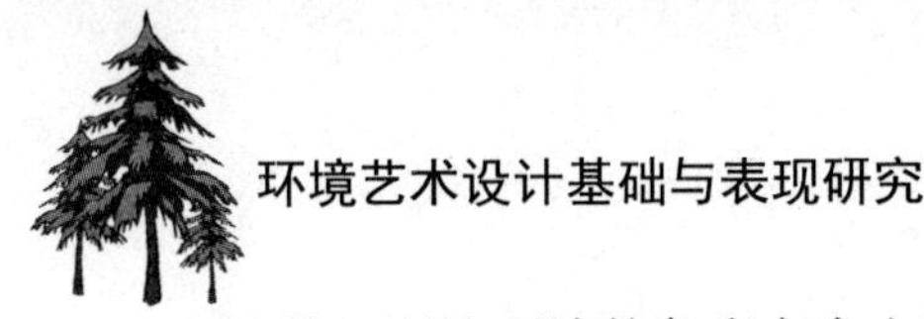

些的、浑浊不清的色彩产生出衬托的效果。

④粉：可以降低一些色彩的明度，提高纯度，也可以适量减少白色或偏白色的色彩使用面积。

⑤火：这是因为使用了较多高纯度的暖色进行构成，应注意加入部分中性色彩或者冷色来协调。

（4）色彩环境调和应注意的方面

其一，色彩的对比与调和是统一的，在实际运用中不可分割。它们彼此间不对立不矛盾，对比中有调和，调和中存在着对比。

其二，每个人对于色彩的感觉均有一定的差别，所以色彩调和的结果是相对的，不是绝对的。为了使大部分使用者都能够认同，色彩环境的设计应该从整体出发，避免限于对局部的处理。

其三，色彩调和的最终目的是追求色彩环境构成的和谐效果。在实际中，其规律与方法不是一成不变、死搬硬套的。我们应该多多总结优秀设计作品的优点，体会并借鉴它们在色彩构成方面的好经验。

色彩环境构成是一门集经济、美观、实用、简洁、纯朴、夸张、浪漫、自然与概括诸多特点为一身的科学理论。早在我国的周朝，对于色彩环境的发现与研究就已经开始了。它有着深刻的理论基础，同时建立于生活实践之中，是进行环境艺术设计不可或缺的重要基础之一。

第二节　环境艺术设计的表现

一、环境艺术设计表现技巧的概念

环境艺术设计表现技法，是设计构思的图像化表达过程，其内容包含了众多知识，如素描、色彩、构成、透视、材料、结构等。作为设计过程和预期方案的路径与效果，它既是作者设计能力与水平的体现，也是作者与使用者和施工者之间沟通的桥梁。它既有艺术性的一面，也有实用性的一面，表现技法的优劣直接影响着方案的说服力与竞争力。好的设计方案必须找到一种恰当的表现形式与方法，只有通过一定的反映渠道，才能体现设计的面貌与精神，也只有相应的手段才能道明设计意图，使观者和使用者能够一目了然。因此，有好的想法而不能充分表达则无法传达设计信息，甚至降低了设计质量。

由于计算机的普及，丰富的制图软件和洁净的画面效果对设计行业从业者有一定的吸引力，同时也成为基本功弱、手绘能力欠缺者的无奈选择。计算机的优势是显而易见的，有较强的真实感，易于修改，尤其在透视方面具有准确无误的特点，构图形式可根据摄像机位置随意调整，有极大的灵活性，在平、立、剖面图中更是严谨可靠。这些都是手绘图所不能相比的。

但我们必须认识到优秀的电脑表现也必须有相应的手绘基础，才能增强效果的艺术魅力。否则只能成为古板生硬的形体堆砌，毫无生命而言。手绘能力是一名设计师的必备条件，其优势在于亲切、生动，并有较强的艺术感染力，更易于设计的交流和研究，便于记录创意构思中的亮点，是在设计中运用最广泛的表现手段。

设计表现技法不同于绘画作品，它应具有很强的使用目的，不仅要有个人风格和特点的表露，更要结合设计对象来完成。所以设计表现图不能随心所欲，必须真实地反映设计的内容，无论通过什么手法，其最终目的是一致的，要突出服务性与实用性。

二、环境艺术设计表现技法的内容

设计表现技法的内容包括设计方案中涉及的诸多方面：从内容的定位到表现角度；从构图形式到透视关系；从色彩的搭配到环境的处理；从表现手法到工具的特性；从整体的把握到细节的描绘。技法的表现包括以下内容。

（一）表现技法理论

作为表现技法同样有一定的理论基础知识，它包括对表现技法的认识和理解，对透视和构图知识的掌握，对不同表现工具特点和注意事项的了解，以及在表现中的形式法则和相关理论。

（二）表现技法实践

1. 构思表现与方案展示表现

构思表现包括设计创意表现和方案展示表现，设计创意的表现形式较为随意、自由，是设计师的思维过程记录，可以信手勾画，是自我肯定与否定的磨合与冲撞，多以草图形式出现。方案展示表现是在确立了设计创意之后，更规范化、更艺术化、更准确化的表达方案形式，展示表现以提升方案为基本原则，在这一前提下，寻求最佳的表现效果，增强方案的优势与亮点，找到恰当的表现语言与技巧。

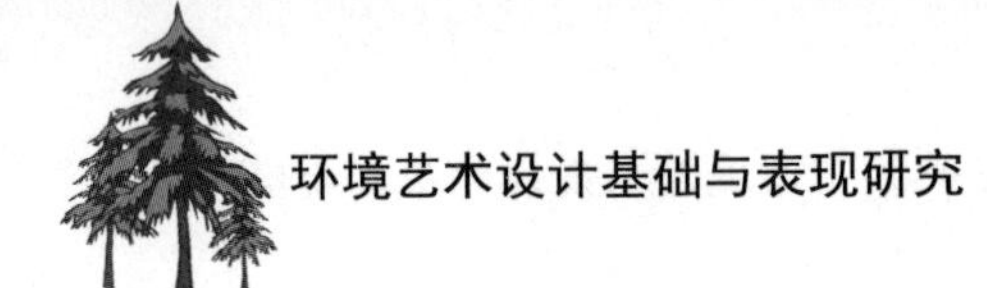

2. 表现方法

设计方案构思阶段的表现形式是粗略的、随意的，是设计师个人习惯的产物。其中也分自我记录和交流记录。自我记录甚至是符号式的，也许只有设计师个人看得懂，而交流记录则需有一定的公共识别性，以便于沟通时得到认可。同样的设计方案可以有不同的表现形式，这取决于设计师的好恶和习惯，或是取决于方案内容的特点和性质。各种表现都有其优势和不足，但要考虑哪种方法更能贴近于方案内容。例如，施工图采用计算机制作的CAD图会更准确、更具指导意义，而徒手画法则更适用于面对面的交流，具有快捷性与随机性。展示表现方法则是更规范、更系统的表现，它要运用透视规律、构图法则和对不同工具特性的熟练掌握来完成，这使得展示图与构思图相比要有更强的共识性。设计图是传达信息的载体，个人风格必须在可知的前提下体现，这是与绘画的不同点。

三、环境艺术设计表现技法的要求

设计表现技法具有很强的目的性和实用性，同时也具有一定的艺术性和技术性。目的性和实用性是指表现的内容要有针对性，要反映方案的合理性和科学性，不能纸上谈兵，随意地夸张与不切实际地渲染，单纯地追求表现效果和形式。艺术性和技术性是指表现技法以独特的视角和方法展示出方案的内在和外在品质，以形象化的方式、艺术化的语言，促成方案的信息传达，并能通过专业技能与技巧加以实施。这就要求作者必须更深层次地理解方案的设计动机、设计目的，要具有一定的绘画基本功，具有理性的思维模式，具有过硬的表现技巧，具有完美的传达形式。因此勤学苦练是每一位设计师的必备素质；善于捕捉，善于发现，善于提炼是通往成功的必经之路；掌握正确的方法是学习的捷径。

四、环境艺术设计表现技法的意义

表现技法是环境艺术设计人员必须掌握的基本功，也是衡量设计师水平与能力的指标之一。不具备一定表现能力的设计师，很难阐明自己的设计意图，也很难与使用者进行沟通。设计表现不仅是确定最终方案的手段，更是设计师自己构思和与同行交流的有效途径。设计表现的形式多样，不同阶段、不同内容、不同工具都会反映不同的内涵，同时也是设计师个人风格与气质的体现。精炼完美的表现有助于展示设计方案的特色与个性，平庸的表现会降低设计方案的原有品质。表现技法不是炫耀的名片，而是科学实用的蓝本。对于环境艺术设计来说，设计表现尤为重要。再好的想法与理念最终是要表现出来的。如果表现有误或不得当则很难传达正确的信息，信息的错误会偏离设计的初衷，造成认同的不一致，这一现象在学习中是普遍存在的，也是学生体会最深的。在学习的每个阶段均要涉及设计表现问题，因此表现技法的学习与提高也是综合设计能力的体现。

无论涉及投标、施工指导还是理论研究，离开方案的表现则将空洞乏味，缺少说服力。可见，设计表现在环境艺术设计中的重要地位。设计师之所以不同于工程师，不同于机械师，就在于他能够通过艺术的加工使方案更生动，更容易被人接受，把枯燥的理性知识感性化、趣味化，使概念化的东西视觉化，以直观的视觉冲击力提升设计的品质，把想象空间转化为“真实”空间。

第七章　环境艺术设计方案的构思与表达

环境艺术的最终设计产品是由实体空间和虚体空间组合成的整体，用环境氛围给大家带来整体感受。由于不同的受众群体对事物的感受会有完全不同的理解，所以在环境艺术设计的表达上，要利用一切能够传递信息的工具使人们真正感受到设计者的意图。本章分为环境艺术设计的空间设计、环境艺术设计方案的构思、环境艺术设计方案表达的基本形式三部分，主要有空间、空间组织、设计构思思考的方法、设计推敲性表达、设计展示性表达等内容。

第一节　环境艺术设计的空间设计

一、空间

（一）空间的概念与特性

什么是空间？要准确地给空间下定义是困难的，不同学科的学者从不同的角度都有自己的阐述。但对于环境艺术设计而言，所指的空间是人类有序生活所需要的物质产品，是人类劳动的产物，常被称为建成环境空间。空间是一个三维的概念。空间也并不一定是有墙的屋子，这是片面的，在这样的概念下，也就没有什么空间设计可谈了。

空间分为自然空间和人工构筑空间。人类对空间的需求是一个从低级到高级、从物质到精神的发展过程，同时受到社会、经济、功能、生产力、宗教、美学等诸多不同因素的影响。人们对空间的感知和认识，最主要是依赖我们各个感官中的视觉，空间产生必备的要素有形体、光线、色彩、质感等。而这些都是我们能够看到的。正是通过我们的观看，空间才能够通过其各个要素在我们的头脑中形成空间的印象，并让我们获得不同的空间体验。

环境艺术设计是一门关于空间的艺术设计，空间是设计的核心。罗斯在《花园的自由》中说过，地面形式是从空间的划分中发展而来的，空间，而不是风格，是设计中真正的范畴。不同形式的空间能使人产生不同的感受，空间设计的成功与否直接影响着人们的生活质量。

（二）空间的形成

1. 空间的限定元素

不同形象变化的空间给人不同的空间感受，是通过空间中点、线、面的不同造型组成的。空间的限定手法主要是点、线、面、体四种。空间的界面最终要表达的是“虚”空间给人的感受，把握住了实体部分，虚空间也就能达到预期效果。

（1）点

点在空间中是一个静态的表现。点物体在空间中的大小是相对的，装饰物、家具、雕塑、塔楼等都可以说是空间中的点。点物体在空间中有聚集视线、标明位置的作用，常作为空间中的中心点、转折点、制高点。点在空间中的布置和界面构图随位置、大小、质地和色彩的变化而产生不同的效果，有时能起到画龙点睛的效果。

（2）线

线在空间中往往被用作围合、凹凸的要素，如建筑中的墙体、景观中的边界等。不同的线可以表现不同的空间，直线、曲线、折线等不同形式和不同长度及比例，限定出不同性质的空间。

垂直线蕴含稳定感，给人崇高、坚韧挺拔、向上的感受，可以在视觉上提升房间高度。水平直线具有方向性，在空间中运用可以在视觉上形成开阔感和安全感。

曲线具有加强空间、丰富空间的作用，有很强的空间导向作用。在过渡空间的地面中运用曲线墙面表达，具有更明显的导向性。在空间中有意识地运用曲线，有助于将人流引导至既定空间。由于曲线的形成是不断改变方向的结果，因此富有动感，可以打破空间沉闷。而斜线具有动势，有些结构如自动扶梯、建筑结构等中有斜线的元素。

（3）面

面的空间限定感强，是主要的空间限定元素。面是点和线累积排列的结果，常被视为空间构成的关键要素。由于面在空间分割中的比重较大，面的质地、形状、色彩、大小等方面的差异，在很大程度上影响了空间的属性，决定了空间的视觉特征。

面分为平面和曲面。面中包含了垂直的面和斜面。水平的面有平静、安定的感觉；垂直面显得更具理性和围合感；斜面可以丰富空间，给人活泼、动态的感受。曲面在顶面、地面或侧面的运用都可以给人带来明显的方向感和流动感，同时带给空间柔和、优美、舒畅的感受。

2. 垂直要素限定空间

利用垂直要素比水平要素来得更常见，它有助于限定一个分散的空间，垂直方向上的围合，严格限定视觉界限。它的形式多种多样，分为以线构成和以面构成的不同程度的空间。

（1）直线的表达空间

一个垂直要素，在地面上构成了一个视觉中心，可以引导人们通向其空间位置。三个以上垂直直线能限定一个空间容积的边，形成一定的领域性和保护性，但与周围空间有很大的开放性。柱子、灯楼、塔等可以作为垂直直线要素。

（2）面的表达空间

面的形状、大小、色彩、材料等影响了构成空间的性质。一个独立的面就能分割两个空间。

L 形构图可以产生一个从对角线向外的扩张趋势的空间，越向内的空间越具有限定性。可以利用垂直线形，扩大限定范围。

两个平行的垂直面之间的距离可以形成空间，并具有向两边的开放性。该空间具有外向性和动感，多组面的组合可以产生一种灵活多变的空间形式。

U 形空间的开放面是它的开端口。和 L 形一样，处于不同位置感受到的封闭程度不同，此外封闭性也取决于 U 形自身的深浅。同时，可以结合垂直线扩大限定空间。

四个面是一个封闭的内向空间，限定作用最强，在建筑空间限定中最为典型，也可以将其运用在景观设计中。在四面围合的空间墙面上开洞，可以建立空间的连续性，如门或窗等。墙面的高低和打开部分的大小、数量、位置等决定了空间的限定程度。可以利用线和面综合表达空间围合。

3. 水平要素限定空间

（1）上升空间

利用空间高出基面的部分，在整体空间中创造出另一个空间领域，打破了原有表面的空间特点，与周围空间保持一定的连续性，但连续程度取决于高度变化的程度。在高度变化较弱时，空间界限得到界定，但空间与视觉的连续性依然保持。在高度变化适中时，视觉连续仍在，但空间连续被打破，要利用楼梯或坡道才能到达。在高度变化强烈时，视觉与空间的连续均被打破，如紫禁城利用极高的空间强化与周围景观相区别的形象，很容易地表现出神圣感和庄严感。

（2）下沉空间

下沉空间和上升空间一样，它们的连续性决定于区域和高度变化的尺度，下沉区域可以是一种断面，但依然是周围空间的一部分。下沉的程度越深，独立性越强，下沉空间的特点越明确，越具有私密性。利用阶梯状或坡道式过渡下沉空间能增加整体空间的连续性。由于周围空间高于下沉空间，因此处于下层空间中，会感受到空间的内向性和保护性。

（3）顶面

建筑物的主体要素就是它的屋顶，是否有顶常是区别内外空间的要素，顶面与地面之间的区域就是一个空间。最典型的是景观中的亭、棚有顶面而没有墙面，但依然给人强烈的空间区域感。顶面的形状、大小和距离地面的高度决定了空间的特征。对于室内设计而言，大空间削弱了人对于屋顶的感受，悬吊顶棚是对于室内空间的再限定，确定了界定空间的领域性。

二、空间的类型

从空间的概念以及不同的理解角度出发，空间分为以下几种类型。

（一）物质空间与纯粹空间

既然空间中可以存在各种各样形态的物质，那么这种具有物质填充的，被物质占据的空间（可忽略时间性）就可称为物质空间。或者说，物质空间是指被物质即时占据的空间，也称为相对空间。相对应的，在某一时刻没有被任何物质占据的空间就是纯粹空间。物质空间与纯粹空间一起，共同构成了绝对空间，这种绝对能够包含一切。

众所周知，物质是在不断运动变化着的。所以，物质空间与纯粹空间两者是可以相互转化的。这种转化依赖于存在的物质，而并非空间本身，空间自身不具有主动性。在设计中，一般考虑较多的就是物质空间。

（二）一般空间与具体空间

在对空间的理解中，我们知道，空间是无界的，可以包容所有一切的物质。

没有数量规定的，无长、宽、高三维限制的空间，就称为一般空间。而有具体数量规定的，有长、宽、高三维限制的空间，就称为具体空间。比如一个既定的空间，包含有规定数量的物质：一个立方体、两个圆柱体、十几个棱锥；或者是物质实体为空间做出了界定（例如建筑物），使空间具有了长、宽、高属性，那么这些空间即为具体空间。一般空间是具体空间的本质，具体空间是一般空间的具体存在和表现形式。

在设计中，具体设计处理的对象一般是具体空间：一个室内空间环境，或者是一个区域的外部空间环境设计，都有着非常明确的包容物质，可以做出三维限定。但在思考时，除去作为设计内容的物质实体，还必须将空间作为一般空间来加以理解。这样有助于很好地体会设计物在空间中的作用，更好地营造空间环境，不至于落入狭隘的思维观。

（三）积极空间与消极空间

在《外部空间设计》中，芦原义信将“能满足人的意图和功能”的空间称为积极空间。这类空间的创造是有计划性的，如果将一张图中的 A 视为空间中的某一物质实体，其周围的空间在三次元方面是充实的内容，则可以认为这个包围的空间 B 属于积极空间。相对的，自然是无限延伸的离心空间，这是自然发生的，是无计划性的，这样的空间视为消极空间。如果将 A 视为物质实体，周围是非人工意图的自然空间，那么这个空间 B 则属于消极空间。

积极空间与消极空间是相对来说的，不具有绝对性。在设计中，积极空间能给人以良好的感受。而消极空间因其“不能把握性”与无计划性，可以带来不好的，或者说是“没有设计性的”感觉。两种空间类型在一定条件下可以相互转化。

（四）有形空间与无形空间

根据人们对空间的理解，空间可分成有形空间和无形空间。所谓有形空间，即人们可以观测客观世界或人类活动，如地域空间等；所谓无形空间，即那些客观存在而又无法直接观测到的，如经济空间、信息空间等。

以上空间类型源自人们对于空间这一抽象概念的理解。具体到室内空间环境与外部空间环境，又有一些可以直接体验到的，非常具体的空间分类，比如以空间界面围合形态为分类依据的矩形空间、折线形空间、拱形空间、自由形空间等。构成方式的不同又产生出封闭空间、开敞空间、动态空间、悬浮空间、虚拟空间等。

三、空间组织

（一）空间的组织

由于空间功能的复杂性，空间不可能以单一形式存在，而通常是以多个空间组合的形式出现的。人们对空间的感受，也并不来自空间中一个静态的点，而是人在穿行空间过程中的感受。因此，空间的组合能否满足人们对于物质和精神上的需要，是设计能否成功的关键。

在对空间进行创造时，首先应提出初步功能需要，从平面分布来看，根据建筑空间的朝向需要进行分布。再结合艺术性、经济性与统一性进行反复修改，由内到外，由表及里，使多个空间的组合达到功能合理，统一整体，主次分明，突出个性的效果。对于空间组织与分割的方式有多种，如穿插、邻接、包含等，同时空间的结构、形式、材料对分割也有重要作用。

1. 集中式组合

集中式的空间组合是由一系列次要空间在一个中心空间周围，围合的一种稳定的向心式构图。它的整体造型为轴对称，中心空间起到聚集引导作用，次要空间的功能、尺度、体量可以相同，也可以有形式、尺寸上的不同，需要根据周围环境特点来确定。集中式组合中的交通流线可以用螺旋式、环式等多种形式，终点一般在中心空间。

2. 线式组合

若干相同或趋于相同的空间以线的形式排列而成的组合形式称为线式组合。线式组合的特点在于线形式延伸，因此在方向上具有引导性，可以将主导空间放置在终端或设计特别的入口来控制一定的延伸感。对于室内空间而言，线式组合往往受到建筑形式和结构的局限，但在大跨度建筑空间中，就可以利用和发挥这一组合的特性。线式组合本身具有一定的可变性，可以是直线、折线、弧线，也可以作为障碍物分隔空间，还可以将其他形式环绕或封闭在一个空间区域内。

在线式组合中，对于一些在功能或象征性上具有重要意义的空间，可以在所处位置进行强调，比如设计在序列中的开端或终端位置，偏移出组合的位置或处于折形（或扇形）线式组合的转折处，也可以通过改变它的尺寸、形式来突出其重要性。

3. 辐射式组合

辐射式组合有一个中心方位，其他空间和通行走道从中心空间以辐射状扩展。所以，它有着集中式和线式组合的两种特性，既有集中式组合的主导中心空间，又有线式组合的向外的线。与集中式组合相同的是辐射式组合的中心空间也是规则的，不同的是集中式组合是向中心聚集，而辐射式是向四周扩展。周围的线式组合在功能、形式上可以相同也可以不同，根据周围环境需要来确定。辐射式组合还可以组成特殊形式，在视觉上形成旋转感。

4. 组团式组合

组团式组合中各个空间之间都有紧密的联系，由重复出现的格式空间组成。其空间的功能基本类似，形状方面也比较有共同特点。当然，也可以有不同的形状、功能、尺寸的空间，组合内空间的形状并不一定要固定的几何图形，可以灵活运用，但是必须进行合理设计，在视觉上这些空间之间是相互联系的。

组团式组合中没有中心位置，要显示某个空间的特殊意义，需要对其造型的形状或者功能进行特殊设计。可以利用对称或者轴线，加强组团式空间的布局，突出某个空间的特殊意义，也可增强整体效果。

5. 网格式组合

一般通过一个三维网格形式而得到的规律性组合为网格式组合，两组平行线相交，其交点建立了一个规划的点，这样产生了一个网格，网格再投影，转化成为一系列重复的空间模数单元。网格的组合来自图形的连续性和规律性，它们渗透在所有空间要素之中。

网格组合在空间中确定了参考点与参考线的固定组合。所以，网格式组合空间具有共同的空间关系，是一个整体，但是组合中各个空间的尺度、形状、功能各不相同。

在建筑中，网格是通过框架结构体系的梁柱来建立的。对它进行增加或削减，依然能够保持空间的统一性。在网格式组合中，空间可以以单体形式出现，也可以以重复的单元形式出现。因此，网格可以进行其他形式的改变，却依然保持网格的统一性。网格可以进行偏移，造成视觉上的变化；网格可以中断，划分出主体空间。

以上五种是常用的空间组合方式，在具体设计中还有更多样的设计方法。一般我们往往需要结合建筑结构构造和景观空间的需要，考虑满足空间的基本功能和美学要求，以及人在空间中的心境需要和空间的节奏感。因此，对于空

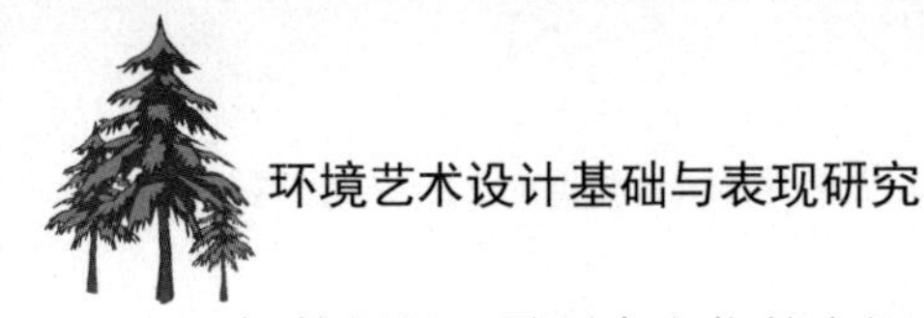

间的组织，需要全方位的审视。

（二）空间的关系

1. 空间中的空间

大空间可以在其容积中包含一个小空间，两者之间容易产生视觉联系和空间连续性，小空间的性质受到大空间的影响。另外，小空间的尺度要受到一定限定，不然大空间将失去包含它的能力，因此两者之间的尺寸必须有明显的差异。小空间的形式也可以和包围它的大空间不同，这样就更具有空间的象征意义和特殊性。

2. 穿插式

两个独立空间相互叠加形成一个空间，通过这个空间连接两个空间的形式称为穿插式空间。穿插式在保持一个有机整体的同时，各空间仍保持原有的特点。穿插式的形式可以是公共部分被两个空间所共有，可以是穿插部分与其中一个空间合并，也可以是穿插部分自成一体，成为两个空间的连接部分。

3. 对接式

对接式是一种比较普遍的空间组成形式，按人们的不同的使用功能和视觉构图需要，组成一个相互联系的复合空间，但同时保持原空间的功能和特点。相邻空间的围合和通透的程度，取决于把它们联系在一起的分割面的特点。

4. 过渡式

过渡空间是相隔一定距离的两个空间，由第三个过渡空间来连接或联系，它对于两个空间有一定意义。如果过渡空间足够大，可用作两个空间的主导，具有组织空间的能力。为起到兼容形式的作用，过渡空间的形式也可完全根据它所连接的空间形式和朝向确定。过渡空间可以是两个尺度、形式完全一样的空间，以便形成空间序列，也可以是两个尺度、大小、形式完全不同的两个空间，显示其过渡作用。

（三）空间的序列

空间的序列指空间环境的先后活动顺序，空间之间的顺序、流线和方向的关系。通常建筑空间或景观空间一般都用两个以上的序列组织起来，孤立地运用几种手法不利于统一性的塑造，而过分注重局部空间也会影响整个空间的完整性。在一系列组合空间中，人们通过在空间中行走的运动来感受空间的变化和特性。其中不只包括空间的变化还包括时间的变化，只有空间和时间有机统一，才能使人在运动的情况下获得预期的视觉效果。组织空间序列需要按功能特点选择不同类型的空间序列形式，如博物馆、展览空间等，空间序列是按人的流动方向来明确表达空间形式的。也可以是不明确的，带有多种方向的，这样的空间能给人以活泼、轻松等感受。

在空间序列的形成中，要注意空间导向性。通过运用平面构图和装饰，如货架、自动扶梯、列柱等，或对地面、顶面的装饰处理，进行暗示和引导人们行动的方向。

空间序列设计一般有以下规律。

1. 序幕

序幕阶段是序列的开始，它暗示了即将展开的主体空间，用于预示空间的主题。这一阶段在设计的时候非常重要，设计的重点可以放在对吸引力的设计上。

2. 展开

有如叙事般，展开空间有承上启下的作用，是为之后的高潮做铺垫，因此需要层层深入，具有引导、启示、欲擒故纵、引人入胜的作用。因为展开部分一般在空间序列中的比重较大，因此它必须要依附于主体基调。为了烘托高潮空间，需要强烈的对比来形成，在紧跟高潮空间之前的部分，空间过分压抑、沉闷，形成强烈对比，在进入高潮空间时有惊奇和豁朗开朗的感受。

序幕和展开的长短反映着高潮出现的早晚，一旦高潮出现，序列即将结束。因此高潮出现得越晚，之前序列的空间层次就越复杂，对人产生越凝重的心理效应。所以长序列一般用于强调和突出高潮空间的重要性。

3. 高潮

高潮阶段是序列的中心，也是序列的主体。其他各阶段空间都是为高潮服务的，因此整个空间都应该以高潮空间为主体和中心，围绕它展开一系列的设计手段。在建筑空间或景观中，具有代表性的，能反映建筑特征精华所在的部分，我们常认为是主体空间。

高潮空间是建筑空间的中心和重点，当然，也可以根据需要在一个综合性强的建筑中设多个高潮空间来满足更多功能和视觉的需要。高潮空间的位置也可以不固定，一般认为在序列空间偏后的位置，如北京故宫；但有些公共空间中，进门的大堂就作为建筑的重点部分设计，因为公共空间需要满足人们休息

和交流的需要，以中庭作为高潮空间在视觉上吸引人们，也提供了能容纳多人的舒适的空间。因此高潮空间的设计重点在于和建筑的功能的有机统一，同时满足空间序列的艺术美。

4. 结尾

结尾空间仍然有它重要的作用，从高潮到平缓，需要最后平静地结束。同样结尾空间也是为了体现主体空间的丰富和精彩的，因此，简单统一的表达能使空间序列中的主要空间在人们心中留下深刻印象。

空间序列的要点在于合理运用空间对比，在对比的情况下，空间的特点更为突出，使人在两个空间转换时，产生强烈的感受。空间序列最重要的是每个部分起到功能作用，因此需要把一系列的空间组织成有秩序、有变化和统一完整的空间组合。

（四）序列设计手法

在空间设计时，为达到人在空间中的动态效果，空间之间可以相互连贯、相互穿插、相互渗透，这样人们随着在空间中视线的变化得到不同的景致。另外可以通过从空间导向性、视觉中心和空间构图对比这些方面创造空间之间的变化。最常用的就是在中国古典园林中，通过复杂的空间组织，造就了空间上和视觉上的对比，有步移景异的效果。

1. 空间的导向性

空间导向性的作用是指导人们行动的方向。在交通道路的设计过程中仅通过空间来传递信息，而不是依靠指示路牌和文字说明。在室内空间里，可以利用连续排列的物体引导人们随之行动，如连续的列柱、柜台、灯具等。还可以利用带有方向性的线条或者色彩，对房顶或者地面进行装饰，暗示人们的行动方向。

2. 视觉中心

视觉中心指的是在一定范围之内引起人们注意的目标物体。在整个序列设计过程中，在关键位置设置能够吸引人们注意力的物体，引起人们的兴趣，勾起人们向往的欲望，起到控制空间距离的作用。视觉中心一般都会设置成有强烈装饰性的趣味性物体，如雕塑、绘画、盆景等，也包括具有吸引力的建筑构件，比如楼梯等，必要时还可配合色彩照明加以强化。在景观中，喷泉、跌落的瀑布、雕塑、特别的植物、塔楼等都能引起注意，吸引人们的视线。所以在设计中，应当处理好它们与环境的尺度和比例关系，将其放置在向心空间焦点上。

3. 空间构图的对比与统一

空间序列的全过程，就是一系列相互联系的空间过渡。对不同序列阶段，在空间处理上，如大小、形状、方向、明暗、色彩、陈设等各有不同，以营造不同的空间气氛，但又彼此联系，前后衔接，形成统一体。空间的连续过渡，前一空间就为后来空间做准备，按照总的序列格局安排，来处理前后空间的关系。

在高潮阶段出现以前，空间过渡的形式统一，也应该有所区别，但在本质上应基本一致，以强调共性。但作为紧接高潮前准备的过渡空间，往往就采取对比的手法，诸如先收后放、欲明先暗等，以强调和突出高潮阶段的到来。

四、空间界面

（一）空间的分割

空间围合感的关键是边角的封闭，限定元素的体量、形式、虚实等影响了限定空间的开放程度，限定性越弱流动性越强。空间分割的方法有灵活分割、绝对分割、局部分割和虚拟分割。

1. 灵活分割

灵活分割是一种可以根据要求随时移动或启闭的分割形式。这种分割形式可以使空间扩大或缩小，通常利用可升降的活动隔断、幕帘、屏风、家具及陈设等进行分割，以形成灵活易变的空间形式。

2. 绝对分割

利用实体界面对空间进行高限定的分割，这样分割出来的空间具有异常分明的界限，属封闭性强的空间。绝对分割能达到隔离视线、温度、湿度、声音的目的，具有很强的私密性、领域性和抗干扰能力，与外界的流动性较差。

3. 局部分割

通过片段的界面，室内中采用隔墙、高家具、屏风等隔断，室外中采用植物和设施使空间不完全封闭，具有一定的流动性。空间界限并不明确，但空间形态更加丰富，视觉效果增强。局部分割能形成一定的领域感和私密性，但程度不强烈。

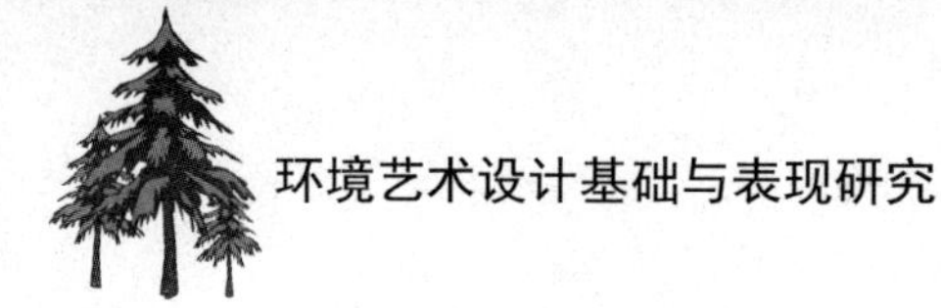

4. 虚拟分割

虚拟分割是一种无明确界面的象征性分割形式，界面模糊，通过“视觉完整性”达到心理上的划分。因此它是一种不完整的、虚拟的划分，以实现视觉心理上的领域感。常用手法很多，可以通过高差、色彩、灯光、材质，甚至气味的变化，也可以是花坛、栏杆、构架垂吊物、水体、家具、绿地等，这种手法流动性强，做法简单，行之有效，能创造出丰富的空间。

（二）空间的分割元素

空间各组成部分之间的关系，主要是通过分割的方式来完成的。空间的分割与联系也是相辅相成的。空间不仅是技术问题也是艺术问题，除了常规的空间分割外，还要考虑到人的审美意识和心理感受。

1. 室内空间分割元素

（1）建筑结构

在建筑中，柱、梁和墙是分割空间的基本界面，利用不同的色彩、材质，可以为空间创造不同个性。

（2）装饰构架

除了建筑原有的结构外，根据人的功能需要可以增加构架来划分出更多区域。利用构架划分出来的空间，领域性要更强，一般可以使用多年。在顶面增加吊顶是一种较弱程度的限定，但可以强调该区域，是室内设计中常用的手段。

（3）家具

利用家具分割是典型的室内空间再创造方式。在中国古代，人们就利用屏风、博古架等对客厅或卧室进行分割。现代室内设计中利用家具划分空间更为灵活，如书架、装有滚轮的柜子。在固定的空间内放置家具当作隔断，这种具有弹性的室内空间，符合现代人的生活方式。

（4）水体和绿化

绿化和水体都是自然的点缀，不仅可以美化室内空间，使人有如置身室外，设计师还经常运用绿化和水体分割空间。水体原本就具有动态性，置入空间内部能活跃空间氛围。绿化虽说在视觉上是静止的，但却蕴含着生命的活力。

（5）照明和装饰

装饰是分制室内空间中运用最为广泛和简单的元素。照明也是分割空间区域中很有效的方法，可以强调主题和区域。最常见的是壁画上的射灯，它可以作为视觉中心，起到吸引注意、引导人流的作用。装饰和照明的限定程度较低，是一种抽象限定，容易形成视觉重心，使空间具有较强的向心感。材质、色彩及其他多种手法的综合运用能保持分割空间的独立性，又能和外部空间有很好的流动性。

2. 景观空间中分割元素

一般来说景观空间分制是由平面（如地势和水面）、垂直体（如植物、构筑物等）、装饰物（如雕塑、喷泉等）构成的。景观中分割的空间既保持它的独立，让人们有场所感，又与外界联系紧密，相互渗透。

（1）地势和水面

地形具有一定的高差，能起到阻挡视线和分割空间的作用，还可以用来阻挡噪音、寒风等。在设计中如果能合理地使被隔离的空间产生对比，就能达到一定的艺术效果，也能创造出有意义的过渡空间。如果原本地形不具备这样的条件，可以权衡经济和技术后采取适当措施。

用水面限定空间、划分空间有一种自然形成的感觉，使人的行为在亲切的氛围中得到控制。同时在视觉上还能保持空间的连续性和渗透性。用水面控制视距和分隔空间还应考虑水中景物的倒影，这样可以扩大和丰富空间，还可以使景物构图更完美。

（2）植物

植物是景观空间分隔中最常用的手法。通过植物对空间分割可创造人所需的空间尺度，丰富视觉景观，形成多层次的空间效果。把大空间隔成诸多小空间，经过分割重新组合构成一个新的景观，这些都有助于将景观空间设计的各种尺度空间紧密地嵌合。

各种植物不同的视觉特征能形成不同的空间围合质量，可以分为全部遮挡、漏景、部分遮挡。原则上都是将不佳的景色遮挡住，在透出的地方安排较佳的部分，产生一定的神秘感。若将园外的景物用植物遮挡加以取舍后借景到园内可扩大视域。合理设计到空间构图中，通过形成引导视线、对景和借景、加强焦点，就能创造出具有一定艺术感染力的空间效果。

（3）雕塑、喷泉等

作为景观空间中的“点”，雕塑、喷泉、塔楼等可以成为景观中的焦点，起到引导视线和行为的作用。一般放置在向心空间的焦点上、轴线的交点上、空间醒目处和视线容易集中的地方。

第二节　环境艺术设计方案的构思

一、设计构思思考的方法

设计是在有限的时间与劳动力条件下进行的。任何一个设计作品都需要经过不断的推敲和完善，即便是非常成功的作品也不可能是完美的。在设计的过程中，一个强有力的改动不仅使问题区域的面貌焕然一新，而且能将它和谐地融合到周围的环境中去。

环境艺术设计是一种以满足需要为目标的理性创造行为。设计应充分地把握实质，只有彻底认识环境空间的特性方能采用正确有效的设计；从空间因素和条件综合分析，进行实际的空间计划和形式创造，才能达到一个理想的效果。环境艺术设计非常考验脑力分析和创造思维能力，它包含了分析思维与直觉思维两种思维形式，并且两种思维形式始终交织出现于设计的全部过程。这两种思维既相互补充又相互矛盾，相互补充时能够激发灵感，生成好的设计；相互矛盾时则会使设计出现问题。因此设计者应该尽量避免两种思维相互矛盾，取长补短。设计程序是一种步骤的架构，用来协助设计者将工作系统化并尽力找出最理想的设计方案。合理地划分设计步骤有利于我们看清两种思维形式在某一步骤中所占的地位。不过，由于环境艺术设计的复杂性和系统性，目前对它的设计程序的分解还未取得完全一致的意见，也不可能达到绝对一致。环境艺术设计程序一般要经过设计和施工两个步骤，可以分为以下几个阶段：设计筹备、概要设计、设计发展、施工图与细部详图设计、施工建造与施工监理、用后评价及维护管理。

（一）立意与表达

如果把设计比喻为作文的话，那么作文中的主题思想就相当于设计立意，是设计方案的行动原则和境界追求，其重要性不言而喻。设计师依据场地的已有资料，综合考虑造价等需求因素的要求，与甲方进行探讨，磨合设计思路，形成概念方案。一块场地具有众多先天的信息资源，在图中使用多种手法将它们综合表达出来，为深入设计提供基础资料及思路。

一项设计的立意就相当于设计的“灵魂”，设计的难点往往就是想出好的构思，有了明确的立意才能有针对性地进行设计。有了好的立意之后还要进行好的表达，要将好的立意表达出来也是不容易的，需要设计师有很强的设计能力。对于环境艺术的设计师来说，想要将设计的构思和立意完整、正确地表达出来，建设者和评审人员对设计意图的理解非常重要。

在某种程度上，设计表达与设计本身同样重要。在设计投标竞争中，图示语言是最主要的表达方式。设计师只有正确清晰地表达出设计，才能很好地与各方交流，最终实现设计成果。在设计中，图纸也是设计者的语言，毕竟形象也是很重要的一个方面，制作出完整、精准、美观的图纸是一个设计者最基本的能力，一个优秀的设计者的内涵和表达要统一。

（二）整体与局部

整体指的是在设计思考中，首先要进行全局考虑，对整个设计任务有全面的想法和构思，然后对整个设计任务进行调查分析。局部指的是对设计整体中的各个部分的尺度、范围、特点等方面进行反复推敲，最终使局部融于整体，实现完美统一。

（三）内与外

室内环境的“内”，以及和这一室内环境连接的其他室内环境，以至建筑室外环境的“外”，它们之间有着相互依存的密切关系。设计者在进行设计的时候要反复由内到外、由外到内地进行协调，使设计更完善、更合理。“内”与“外”的整体性质、标准、风格要协调统一。若内外环境的关系处理不好，就极易造成相邻室内空间的不协调和不连贯，也可能导致内外环境的对立。

二、设计方案的构思途径

方案构思是方案设计过程中至关重要的一个环节。在做好设计前期准备和条件分析后，把设计构想落实成为具体的设计，由此完成从物质需求到设计理念再到物质形象的质的转变。此阶段还需要查阅相关的资料以获取更多的灵感和启发，并深入构思。设计师对自己头脑中潜在的新构思等进行有意识的引导和控制。这个过程是设计师想象力和创造力发挥的过程。

已有概念条理化、可视化，功能形象化、形式化，从而形成准确的方案。在内容上定位清晰，明确三维尺度，明确初步的色彩意向、风格意向，对各种系统（如交通系统、水系统、照明系统等）的设计思路进行比较和选择，对重要节点进行初步的意向设计。为一块场地景观设计方案阶段的平面图，在图中有道路系统，各种场地的位置、形态，以及植物、水体、山体等设计信息。

（一）依据功能需求构思

任何一个设计都必须以功能为先。功能是指环境设计中为满足人的需要而赋予环境的各种效用性能。环境设计中的功能包括实用功能、认知功能和审美功能三部分。满足功能需求往往是在设计实践中进行构思的主要切入点，创造更圆满、更合理、更符合人性的空间环境是设计师追求的目标，具体设计实践中它往往是进行方案构思的主要突破口之一。

我们在设计书房时，首先考虑的是满足使用者的阅读和伏案工作的舒适和方便。设计者如果将空间的风格形式设计得非常独特、赋予品位，但却没有考虑使用者的就座、工作的舒适便利，那么这个空间的创造就是失败的、无效的。

在日本公立综合医院康复疗养花园的设计中，由于预算资金非常有限，必须在构思上下足功夫，以满足复杂的功能要求。这片广阔大地的排水系统激发了设计者的灵感，设计者在庭院的中央设计了一个排水路，提高视觉中心。同时，考虑到轮椅使用者的出行问题，特别设计了斜坡路、横向斜坡路以及交叉路等；为需要进行康复训练的病患设计了一条多姿多彩的远距离的园路，使患者能够在自然环境中进行康复训练；在花园中还设计了一些艺术小品，方便某种障碍患者感受自然。

（二）融合自然环境的构思

影响环境艺术设计的因素还有自然环境的差异，在构思设计方案的时候，可以从自然环境的特点出发，如地形、地貌、景观、朝向等。

最著名的例子就是流水别墅，它在认识并利用自然环境方面堪称典范。流水别墅是房主人卡夫曼的度假别墅，1936 年落成于美国宾夕法尼亚州匹兹堡市附近的一片风景优美的山林之中。经过长达 6 个月的构思，美国建筑设计大师赖特决定将别墅凌空建于溪流和小瀑布之上。四周密林环绕，高崖林立，草木繁盛，风景优美。设计师赖特对周围的地形、地貌特点进行实地考察，当时优美的自然环境激发了他的灵感，脑海中有了初步的想法，他打算将自然环境融入生活中。建成后的流水别墅背靠陡崖，仿佛生长在瀑布上的山石之间，与周围环境融为一体，宛若天成。赖特对流水别墅巧妙地构思，是世人永远赞叹的神来之笔。

（三）从地域特征和文化展开的构思

建筑总是处在一定的地域和时代的文化环境之中。地域差异是永远存在的，在设计中不同区域的文化差异应该得到尊重。因此，反映地域特征也是建筑设计创作的主要构思方法。环境艺术设计与建筑设计密切相关，也可以将反映地域特征的构思方法运用到环境艺术设计中。

首先，继承和发展当地的传统风格，重点是对传统符号的吸收和提炼，这是反映地域文化最直接的设计方式。

其次，我们也要注重对地域特征和文化的重新诠释，力图在设计中表达出一种地域性的文脉感。这种表达不像前一种设计手段那样显露，而是要靠人的感悟去体会。

在上海商城的设计中，美国的建筑师波特曼的设计灵感来自中国传统园林，将具有中国特色的小桥、流水、假山等运用现代手段巧妙地结合到一起，还有拱门、栏杆、花墙等，将传统符号进行抽象处理，形成了特有的中国风格。因此，虽然形式上充满现代感，但仍旧能唤起人们对中国传统建筑的联想。

（四）体现独到用材与技术的构思

材料与技术永远是设计需关注的主题，同时，一种独特的或者新型的材料和技术手段也能给设计带来无限灵感，激发创作热情。此外，在具体的设计方案中也可以从功能、环境、技术等方面考虑进行构思，找到突破口。这样不仅能够使设计构思更加深入和独到，而且能够避免设计构思过于片面化。

多明莱斯葡萄酒厂位于美国的加利福尼亚的纳帕山谷，这座建筑对于石材的使用堪称经典。为了适应并利用当地的气候特点，设计者直接使用当地的玄武岩作为建筑的表皮材料。这种岩石白天能够吸收太阳热量，然后晚上能够释放出来，可以平衡昼夜温差。但是后来发现采集的岩石，不仅形状不规则而且比较小，没有办法直接使用。为此，他们设计将这些小石块填装到金属笼子中形成规则的“砌块”。而且这些“砌块”颜色不同，与周围环境融为一体。

三、设计方案的制图原则

抽象性原则、易识读原则是设计制图中最基本的绘制原则，适用于各设计阶段的制图工作。每项原则都有能够支持其可操作性的具体内容，在学习和工作中应注意收集，活学活用。

（一）抽象性原则

设计制图不是画一幅具象的美丽的画。设计制图需要准确、合理、快速地表达出设计者头脑中的信息，甚至是设计者头脑中尚不完整、不清晰的信息。所以设计制图有抽象性原则，需要用一个能够概括的暗示多种可能性的图样、

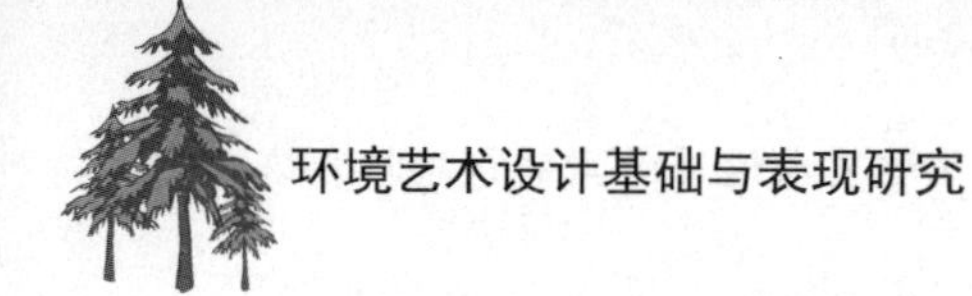

符号来表达具有多种发展可能性的内容。在初步设计构想中，先有对场地铺装采用方形格状系统的思路，在后续设计中不断深化设计的尺度、材质等细节。在设计初期，图面表达出的内容可以是抽象的、发散的、含有众多可能性的图样。同时这些抽象的图样必须充分表达出它的合理性和发展关系。

为了说明某个原理或关系，用复杂、具体的图形无法集中关注点，但可以简化归纳如下：①单色或双色（以白、灰、黑递进色差表达内容）；②简单的形状（如方形或圆形等）；③在图面中处理为简单的图底关系，减少复杂的层次。

（二）易识读原则

设计制图有大量的信息需要表达，它们的错综关系十分复杂并相互联动。在一张图面内绘制图样传达信息时，应本着容易识读的原则，加强识别度、区分度，控制信息量适度（不可过多也不可过少），加强检索快捷性、逻辑完整性和一致性。

①加强识别度与区分度，可以依据人眼对黑、白、灰层次的区分能力，拉大重点要突出部分内容的灰度差。对图例的选择应注意，大面积地填充图例，如分地区植被种植的填充要以不同的密度形成灰度变化，以便于识别，不要选择填充线型与种植边缘容易混淆的图例。制作植物整体图例时，可以尽量设计便于捕捉圆心代表种植点位的图例，以便于设计和表达。种植效果使用白、灰、黑递进密度线网，可以对邻近植物使用近似比例的图形符号填充，如五角星、圆圈、象形符号等。

②信息量的多少是识读图纸难易的重要控制点。一幅图面内，信息量过少，是一种浪费，形成大量的页面，读图者的思维和记忆被拉长，容易忘记前后关系；信息量过多，则在同一张图纸中很难清晰地展示各主体的要点，造成识读困难。根据人眼能够识别的密度和人脑能够记忆的数量选择信息内容，分层次选择布置在页面内，并使用合理的索引方式将更深入一个层次的细节另外布置到新的页面。

四、方案构思对比优化阶段

（一）多方案构思比较的必要性

多方案是环境艺术设计目的性所要求的，多方案构思也是设计的本质反映。“比较不同的设计可以知道，为了实现一个功能可以有不同的方法，因为一个设计者的能力是有限的。”这句话出自迪特马尔・赖因博思的《城市设计构思教程》。对于设计者和建筑者来说，对设计方案的构思仅仅是一个过程，他们的最终目的是得到一个完美的实施方案。

因此，我们要养成多做方案进行比较的良好的工作方式和习惯。“人数众多的创作者”可以设计出大量不同的方案，这不仅对寻找方案的过程有利，同时也对每个设计者今后的创作有利。在一个介绍安腾忠雄的纪录片中提到这样一个故事：在设计光明寺的时候，安腾让事务所的每个设计师都做一个方案，但最后他用一个天才的设计否定了其他人提出的所有方案。这里那些“平庸”的方案对安腾忠雄方案的产生是有积极作用的，因为它们帮设计者排除了很多一般的创意。

（二）多方案构思的原则

第一，尽可能地提出数量多、差别大的方案构思。提出方案的数量的多少、差别的大小直接决定了方案优化水平的基本尺码。数量多的方案能够给选择提供足够的空间，差异大能够保证方案的可比较性。

第二，每个方案的提出都需要满足环境要求和功能需求，否则，提出的方案毫无意义。因此，我们在进行方案构思的时候要有选择地进行，对于那些不切实际的构思没必要浪费精力和时间。

（三）多方案比较和优化选择

多方案比较是提高做方案能力的一种有效方法，各个方案都必须要有创造性，应各有特点和新意而不雷同，否则就是做再多的方案也无济于事，纯属浪费时间和精力。在提出多个差异性的方案之后，接下来就是要对方案进行分析和比较，选出最理想的方案，分析的重点是以下三个方面。①满意程度，设计方案是否满足设计要求，是判断一个方案是否合格的基本标准。②个性特色，一个好的设计方案在满足设计要求的基础上，要具有自己独特的个性。③可调整性，任何方案都不是十全十美的，基本都或多或少的有一些缺点。成功的设计方案的缺陷具有可修改性，并且修改之后不会带来新的问题或者失去原本方案的特色。

五、设计方案的深入阶段

（一）设计方案的调整

方案调整是对多方案比较之后选出的合理发展方案中的矛盾和问题缺陷进

行弥补。选出的发展方案已经满足基本的设计要求，并且具有自己的个性特色，接下就是在适度的范围内对方案中的个别问题进行调整，要求在不影响原本方案的整体构思和布局的前提下优化原有方案。

（二）设计方案的深化

在深化方案初步设计成果的过程中，更准确地落实各种材料、工艺、色彩的选择与组合，把尺度深化设计到尺寸，把形态深化设计到细节。对建造逻辑自下而上、自隐蔽到外显的工程成果给予专业化的考虑，建立逻辑。景观设计场地平面总图及扩初设计图纸目录，其描述了场地内可视部分的大部分设计内容，并使用多种方式将其数据及深化设计用专业图纸分项表达出来。恰当地表达也是非常重要的。在此阶段，设计师的个人感悟、观点和个性等越来越显著地影响项目的设计。

第三节　环境艺术设计方案表达的基本形式

一、设计推敲性表达

（一）草图表达

徒手草图是初步设计阶段最常用的手段。它是通过线条图形及符号等，针对设计中的对象、空间环境的构思所绘制的非正规表现图。它是实现设计表达目标中不可缺少的手段和过程，设计草图的特殊作用是不可低估和无法预见的。如在室内空间设计中，从草图中可以看见设计师对环境空间功能、家具、装修设计等进行统一构思，对空间形式与尺寸、对大致的色彩与材质进行归纳等。

此类图以记录性草图形式为主要特征，有些具有符号特性。它具有快速运笔、随意勾画、图形草率、记录符号鲜明等特点。此类图是设计师收集资料、构思方案常用的一种手绘草图。其用笔随意性大，不拘细节，形式多样，风格迥异，是设计师快速表达设计的一种极具个性的表现形式。

（二）草模表达

草模表达是比草图表达更真实、更直观、更具体的一种表达方式。这种表达方式充分发挥三维空间的观察优势，对空间的内部关系和外部环境进行表达。草模表达的缺陷在于会受到模型大小的制约，其观察角度基本都是“空对地”，主要表达的是第五立面，有时候会出现误导现象，而且操作技术有限，很难对细节进行表现。

（三）计算机辅助设计表达

计算机辅助设计表达可以逼真地表现建筑的形象、建筑室内外空间环境、城镇规模与环境的空间效果和物体的质地、光色效果，而且在此过程中还可以激发设计师的灵感，帮助发展原始的设计构思。同时，构思方案能随时以线框模型的形式在屏幕上显示出来。计算机除了可以完成传统的人工绘图、图形设计及施工图的设计表达以外，它还可以与影视表达结合起来，将设计预想的形象与环境艺术效果，按照电影、动画的技术模拟连续地、多角度地播映，更有助于方案的推敲和表达。

（四）综合表达

在设计构思过程中，不同阶段的不同要求，不同对象的不同要求，需要利用各种表达方式表现出来，最终实现提高设计质量的目的，这就是综合表达。如在设计方案的初始阶段，用草模表达，展现整体关系；在方案深入阶段，用草图表达，发挥其深入刻画的特点。这也是现在较为常用的一种表达方式。

二、设计展示性表达

展示性表达是指完整、准确表达设计师设计意图的表达形式，其具体的基本形式如下。

（一）三视图

三视图是一种抽象的表达方式，是观测者从三个面观察同一个空间物体画出的图形。绘画手法由徒手绘画转向尺规绘图，表达方式比较理性，有严格的尺度依据和规范的制图原则。因此，三视图是艺术构思、表达走向科学思维，并能付诸工程实际的图面语言表达。三视图分为正视图、侧视图和俯视图。

（二）施工图

施工图展示的是设计物整体的布局，包括内部构造、结构构造、材料用法、施工工艺等详细设计与表现。一个项目的设计优点和缺点往往都反映在施工图里。施工图设计与表现应包括总平面图、局部平面图、各立面图、剖面图、节点大样图、局部构造详图及有关的各种配套图纸和说明。不少人可能以为施工图意味着枯燥的线条加文字，远离了图面漂亮的概念、方案图，其实这是一个误解。一个训练有素的设计师、施工员可以从黑白线条图中看到未来丰富多彩的设计成果，看见设计水平的高低。绝大多数成功的作品，都是通过严谨、准确、细致的施工图来实现的。

施工图是现实施工过程中主要使用的图纸，因此，在施工图绘制之前要求设计人员对工程涉及的材料、工艺、结构等进行分析、研究计算，毕竟这关系到施工过程中的工程技术、工期造价、安全等一系列问题，要求施工图准确无误，避免造成不必要的损失。

（三）效果图

1. 透视图

透视图，是指根据人的视觉习惯，遵循近大远小的视觉规律，将空间的物体绘制得具有立体感。透视图画出的效果与人们平时看到的景物比较相似，可以给人们带来一定的亲切感。环艺设计中常用的透视画法如下。

①一点透视也称为平行透视，表现范围广，一般说来，一点透视可以表现出较强的纵深感，绘制相对简单，缺点是容易产生呆板的感觉。在一点透视中，由于消失点的上、下、左、右的偏移而产生各种变化效果，因此，针对不同的表现侧重选择心点非常重要。例如，要重点表现靠左侧的墙面及家具或靠右侧的墙面及家具的效果，则需要把心点相应地偏右或偏左，反之亦然；如果要主要表现地面，则把心点适当地抬高，产生一定的俯视效果。

②两点透视也称为成角透视，在画面中左右方向有两个消失点（灭点）。画面效果真实自然、细腻、自由灵活。表现场景接近于人站立在房间的一角所见的画面；也可用于表现室外需要体现几个朝向的建筑。缺点是透视角度选择不好，空间及物体易产生变形。因为两点透视图可以表现空间的四个界面，当两个消失点离得太近的时候，就容易出现失真角，造成画面空间及物体的失真。画面主体物应尽量避开失真角，这样有利于画面的稳定性和真实感。

③三点透视也称为斜角透视，它除了画面中左右两个透视灭点以外，还有向上消失的“天点”或向下消失的“地点”。其特点是表现范围大，空间立体感强，能够较全面地反映出环境空间关系，适合表现室外空间环境及较大的场景。其缺点是画面容易变形失真，与真实环境有差距。

2. 鸟瞰图

鸟瞰图也被称作俯视图，是在平面图的基础上，设置一定的高度，从上往下看的视觉效果图。一般在表现设计物在整体环境中的布局、层次、结构和地理特点的时候会用到鸟瞰图，它表现的是环境艺术设计整体关系的效果图。

3. 轴测图

与鸟瞰图一样，轴测图也是反映环境艺术设计整体关系的效果图。它采用的是独特的轴侧投影画法，比鸟瞰图绘制起来要更方便。轴测图本质上是一种测绘图法，能够再现空间真实尺度，多用于室内空间表现。其能够较全面地反映出室内空间的功能性区域及分割方式。缺点是透视角度变形，不符合人眼看到的真实环境状态。

4. 模型

模型不是复制而是表现，目的是表达设计构思。它将设计得到的理想化事物，按照一定的比例关系缩小，使用各种材料将其制作成具有空间效果的立体模式。它是绘画手段的立体化、工程学的实际仿真，具有显著的手工艺性质和真实可信的直观性。因此，它同样具有广泛的使用价值。

总之，在方案设计中，设计表现图是设计师构思过程中的草图、速写和表现最后方案的各种效果图。表现图以它特有的艺术魅力和艺术表现力成为一个独特的绘画种类。与纯粹的绘画相比，它具有实用性、工艺性等特点。环境艺术设计表现的技法很多，归纳起来主要有线描表现法，水彩、水粉表现法，喷绘表现法，马克笔表现法，彩色铅笔表现法，丙烯表现法。

参考文献

[1]左明刚 . 室内环境艺术创意设计 [M]. 长春：吉林大学出版社，2017.

[2]杨晓阳，刘晨晨 . 中国风水与环境艺术 [M]. 北京：北京工艺美术出版社，2015.

[3]李倩 . 民族建筑元素与环境艺术研究 [M]. 长春：吉林大学出版社，2017.

[4]乔继敏 . 城市居住环境艺术设计研究 [M]. 北京：光明日报出版社，2016.

[5]王晓辉，齐伟民 . 城市环境艺术概论 [M]. 长春：吉林美术出版社，2012.

[6]魏凯旋 . 设计艺术的美学研究 [M]. 北京：北京理工大学出版社，2017.

[7]朱迅，张伶伶 . 当代环境艺术的审美描述 [M]. 哈尔滨：哈尔滨工业大学出版社，2015.

[8]文增，王雪 . 立体构成与环境艺术设计 [M]. 沈阳：辽宁美术出版社，2012.

[9]束昱 . 城市地下空间环境艺术设计 [M]. 上海：同济大学出版社，2015.

[10]张朝晖 . 环境艺术设计基础 [M]. 武汉：武汉大学出版社，2008.

[11]肖晓丹 . 欧洲城市环境史学研究 [M]. 成都：四川大学出版社，2018.

[12]蒲波 . 室内环境设计方法 [M]. 北京：北京工业大学出版社，2016.

[13]罗维安 . 环境设计初步 [M]. 成都：西南交通大学出版社，2012.

[14]吴宗建，郑欣，翁威奇 . 环境设计专业教育研究 [M]. 广州：暨南大学出版社，2017.

[15]虞春隆 . 环境艺术计算机辅助设计 [M]. 西安：西安交通大学出版社，2009.

[16]袁米丽 . 设计方案写作 [M]. 长沙：中南大学出版社，2008.

[17]闻晓菁 . 展示空间设计 [M]. 上海：上海人民美术出版社，2012.

[18]刘文靓 . 特色环境艺术设计中传统建筑文化与现代建筑文化的大融合探讨 [J]. 汉字文化，2018（22）：83-84.

[19]刘乐沁 . 关于环境艺术设计的人性化及个性化探讨 [J]. 艺术科技，2018（11）：231.

[20]赵颖 . 试论现代城市环境艺术设计的美学追求 [J]. 创新创业理论研究与实践，2018（24）：104-105.

[21]何瑗瑗 . 环境艺术设计中传统文化元素的应用探析 [J]. 南方农机，2018（23）：101.

[22]任远 . 环境艺术设计中符号元素的文化表征解读 [J]. 农家参谋，2018（24）：270.

[23]安宁 . 试谈环境艺术设计中人文主义的渗透 [J]. 大众文艺，2018（23）：77.

[24]施月 . 中国传统文化对现代广告艺术设计的影响 [J]. 智库时代，2018（49）：104-105.

[25]欧晨曦 . 环境艺术设计对生活空间发展的影响 [J]. 产业与科技论坛，2018（23）：119-120.

[26]韩亮 . 室内装饰在环境艺术设计中的创新探索 [J]. 产业与科技论坛，2018（23）：62-63.

[27]王丽芳 . 中国元素的数字化艺术设计与实践应用探析 [J]. 大众文艺，2018（22）：62.